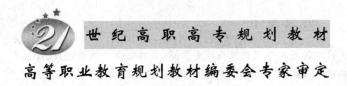

世纪高职高专规划教材

高等职业教育规划教材编委会专家审定

机房空调的原理与维护

主　编　孙海华　刘雪春

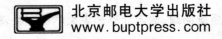

北京邮电大学出版社

www.buptpress.com

内 容 简 介

　　本书从通信设备运行环境出发,介绍了通信用机房空调的基础理论知识、系统特点及结构组成、气流组织、实用技术及管理维护等方面的内容。在整体编排上,理论与实践紧密结合。理论以够用为原则,突出通信行业应用特点,增加了水冷空调系统技术介绍;注重将知识与能力相结合,提供了机房空调设计实例、实用技术和经验。

　　本书介绍通信用机房专用空调,具有通信行业应用的独特性,希望给在行业内工作的工程技术人员、运行管理维护人员提供有益的帮助。

图书在版编目(CIP)数据

机房空调的原理与维护 / 孙海华,刘雪春主编. --北京:北京邮电大学出版社,2015.3
ISBN 978-7-5635-4271-0

Ⅰ. ①机… Ⅱ. ①孙… ②刘… Ⅲ. ①通信系统—机房—空气调节设备—维修 Ⅳ. ①TU831.3

中国版本图书馆 CIP 数据核字(2014)第 303819 号

书　　　　名:	机房空调的原理与维护
责任著作者:	孙海华　刘雪春　主编
责 任 编 辑:	崔　珞　张珊珊
出 版 发 行:	北京邮电大学出版社
社　　　址:	北京市海淀区西土城路 10 号(邮编:100876)
发 行 部:	电话:010-62282185　传真:010-62283578
E-mail:	publish@bupt.edu.cn
经　　　销:	各地新华书店
印　　　刷:	北京源海印刷有限责任公司
开　　　本:	787 mm×1 092 mm　1/16
印　　　张:	11
字　　　数:	283 千字
版　　　次:	2015 年 3 月第 1 版　2015 年 3 月第 1 次印刷

ISBN 978-7-5635-4271-0　　　　　　　　　　　　　　　　　　　　　　定价:25.00 元

· 如有印装质量问题,请与北京邮电大学出版社发行部联系 ·

前　　言

互联网已经渗透到了经济与社会活动的各个领域，人们对于网络的依赖程度越来越高。互联网数据中心（Internet Data Center，IDC）是入驻企业、商户或网站服务器群托管的场所，是各种模式电子商务赖以安全运作的基础设施，也是支持企业及其商业联盟、分销商、供应商、客户等实施价值链管理的平台。它的出现为互联网基础设施提供了结构性变革的契机，为企业信息化提供了一条廉价高效的途径。

IDC机房内服务器运行对供电和环境的要求非常高。本书从通信设备运行环境出发，介绍了通信用机房空调的基础理论知识、气流组织、实用技术及管理维护等方面的内容。在整体编排上，理论方面以够用为原则，突出行业应用特点，增加了水冷空调系统技术，注重将知识与能力相结合，提供了机房空调设计实例。

在编写过程中由于时间仓促，编者水平有限，书中难免有缺点和错误之处，恳请读者批评指正，以利于我们今后的修改。

编　者

目　录

第1章 绪 论

空气调节器简称空调（Air Conditioning，AC），即用控制技术使室内空气的温度、湿度、清洁度、气流速度和噪声达到所需的要求。目的是为了改善环境条件，以满足生活舒适和工艺设备的要求。空调的功能主要有制冷、制热、加湿、除湿和温湿度控制等。温度调节是指增加或减少空气的湿热。湿度调节是指通过调节空气中的水蒸气含量来增加或减少空气的潜热。气流调节是根据需要调节工作或生活环境的空气流速。除尘和污染空气的排除是指滤去空气中的灰尘，消灭空气中的细菌，除去空气中的有害气体，除去它们的臭气。完成这些功能，就要用到空气调节器。

空调系统通常由空气处理设备（包括过滤、加热、冷却、加湿、除湿、消音、流量分配及控制等）、空气输送管道、空气分配装配等组件组成。按使用目的、处理方式和使用场合等不同，可以组成不同形式的空调系统。

1.1 空调器的分类

空调器按室外机冷却方式，可分为水冷型和风冷型。按调温情况，可分为单冷型、热泵型和电热辅助热泵型。

（1）单冷型：仅用于制冷，适用于夏季较暖或冬季供热充足地区。

（2）热泵型：具有制热，制冷功能，适用于夏季炎热，冬季寒冷地区。

（3）电热辅助热泵型：电辅助加热功能一般只应用于大功率柜式空调，机身内增加了电辅助加热部件，确保冬季制热强劲。

为室内人员创造舒适健康环境的空调系统，称为舒适性空调。舒适健康的环境令人精神愉快，精力充沛，工作学习效率提高，有益于身心健康。办公楼、旅馆、商店、影剧院、图书馆、餐厅、体育馆、娱乐场所、候机或候车大厅等建筑中所用的空调都属于舒适空调。由于人的舒适感在一定的空气参数范围内，所以这类空调对温度和湿度波动的控制要求不严格。

根据使用场所和制冷量的不同，舒适性空调可分为窗式空调、分体空调和中央空调。

窗式空调器作为一个整体，制冷范围一般为 1 800～5 000 W。它是空调产业前期的代表产品，有结构紧凑、体积小、重量轻、安装方便等特点，适用于卧室、办公室等场所使用。其主要缺点是噪声较大。其外观如图 1-1 所示。

窗式空调器由两部分组成，即空气处理部分和制冷系统部分，系统原理如图 1-2 所示。其空

图 1-1 窗式空调

气循环路线如下。

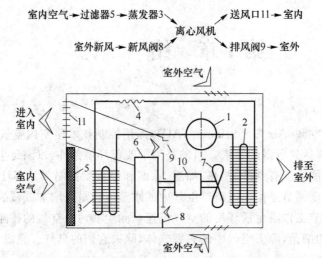

```
室内空气 → 过滤器5 → 蒸发器3        送风口11 → 室内
                        离心风机
室外新风 → 新风阀8                 排风阀9 → 室外
```

1—制冷压缩机；2—室外侧换热器；3—室内侧换热器；4—毛细管；5—过滤器；
6—离心式风机；7—轴流风机；8—新风阀；9—排风阀；10—风机电机；11—送风口

图 1-2　窗式空调器系统原理图

制冷剂循环路线为：压缩机 1→冷凝器 2→毛细管 4→蒸发器 3→压缩机 1。

如果在这种窗式空调器中增加一个四通换向阀，就可组成热泵式空调器，如图 1-3 所示。

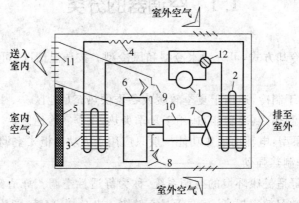

1—制冷压缩机；2—室外侧换热器；3—室内侧换热器；4—毛细管；5—过滤器；6—离心式风机；
7—轴流风机；8—新风阀；9—排风阀；10—风机电机；11—送风口；12—四通换向阀

图 1-3　热泵式窗式空调器系统原理图

　　热泵式窗式空调器不但夏季制冷，而且冬季还可制热。夏季制冷时，通过四通换向阀把室内换热器变为蒸发器，利用液态制冷剂气化直接吸取室内空气的热量，并把室外换热器变为冷凝器，将冷凝热量释放到室外空气中去。冬季制热时，通过四通换向阀把室内换热器变为冷凝器，用制冷剂的冷凝热量加热室内空气，此时把室外换热器变为蒸发器，从室外空气中吸取热量。

　　分体式外形如图 1-4 所示，将空调器分为室内部分和室外部分。它是在整体式空调器的基础上发展起来的，由室内和室外机组组成，两者通过电缆和管道连接。两组之间的管道采用铜管接头连接，其制冷范围一般为 1 800～9 000 W，其结构图如图 1-5 所示。它的优点如下。

（1）压缩机和冷凝器装在室外，离房间较远，降低了噪声，改善了环境，其噪声比窗式空调器低 20 dB 左右。

（2）安装和检修方便，小修容易，大修可分别拆卸。

（3）室内机组占地面积小，布置方便，造型美观，可与室内装饰配套。

（4）增加了冷凝器的传热面积和风量，散热条件比窗式空调器好。

分体式空调器有单冷式和热泵式两种。一般情况下，分体式空调器室内机与室外机之间的距离不大于 5 m 为好，最长不得超过 10 m，室内机与室外机之间的高度差不超过 5 m。

图 1-4　分体式空调外形图

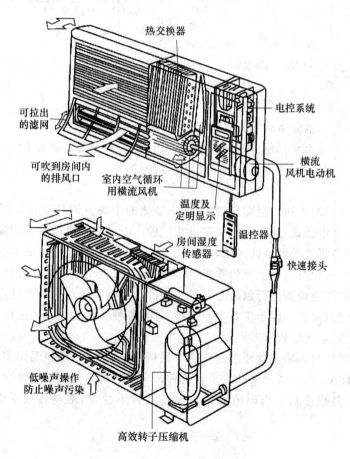

图 1-5　分体式空调结构图

3

房间空调器的型号表示方法如下。

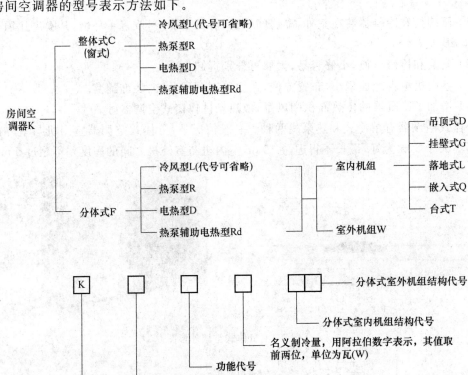

下面举几个例子。

KC-31：单冷型窗式空调器,制冷量为 3 100 W。

KFD-70LW：电热型分体落地式空调器室外机组,制冷量为 7 000 W。

KFR-28G：分体热泵型挂壁式房间空调器室内机组,额定制冷量为 2 800 W。

KFR-41GW：分体热泵型挂壁式房间空调器(包括室内机组和室外机组),额定制冷量为 4 100 W。

随着住宅面积的增大和别墅数量的增多,小型化的中央空调系统在民用居住建筑的应用也越来越多,可分为水管式、风管式和多联机式三种。由一台主机通过风管或冷热水管连接多个末端出风口,将冷暖气送到不同区域,来实现室内空气调节的目的。此类空调的出现不仅满足了建筑物中小型面积对空调系统的需求,更进一步扩大应用到大型办公建筑中。

为生产工艺过程或设备运行创造必要环境条件的空调系统称为工艺性空调。工作人员的舒适要求有条件时可兼顾。由于工业生产类型不同,各种高精度设备的运行条件也不同,因此工艺性空调的功能、系统形式等差别很大。

能够充分满足机房环境条件要求的机房专用精密空调机(也称恒温恒湿空调,如图 1-6 所示),是在近 30 年中逐渐发展起来的一个新机种。早期的机房使用舒适性空调机时,常常出现由于环境温湿度参数控制不当而造成机房设备运行不稳定,数据传输受干扰,出现静电等问题。

图 1-6　精密空调

1.2　湿空气的物理性质

环绕地球周围的空气称为大气。大气中会有多种气体、水蒸气和污染物质。从大气中除去全部水蒸气和污染物质时，所剩即为干空气。而干空气与水蒸气的混合气体称为湿空气。周围环境内的空气和人们平时所说的"空气"，都是湿空气。在空气中，水蒸气所占的百分比是不稳定的，常随季节、气候、湿源等各种条件的变化而改变，湿空气中水蒸气的含量虽少，但其变化会引起湿空气干、湿程度的改变，进而对人体感觉、产品质量、工艺过程和设备维护等都有直接影响。

干空气的成分主要是氮、氧、氩及其他微量气体，多数成分比较稳定，以体积含量计，氧约占 20.95%，氮约占 78.09%，少数随季节变化有所波动，但从总体上可将干空气作为一个稳定的混合物来看待。

空气温度低，则密度大，导热系数小，比热小；反之，空气温度高，则密度小，导热系数大，比热大。空调的安装必须具有一定的高度，其目的是利用冷热空气的密度不同，自上而下地进行冷热交换，以达到室内温度下降均匀。

1. 温度

温度是表示物体冷热程度的物理量，微观上来讲是物体分子热运动的剧烈程度。用来量度物体温度数值的标尺叫温标。目前使用较多的温标有华氏温标（℉）、摄氏温标（℃）和热力学温标（K），三种温标的比较如图 1-7 所示。

摄氏温度(℃)：在 1 个标准大气压下(760 mmHg)，以水的冰点为 0 ℃，沸点为 100 ℃，其间分为 100 等分，每一等分为摄氏 1 度，记作 1 ℃。摄氏温度以符号 t 表示，与此相应的温度计为摄氏温度计。

绝对温度(K)：又称开氏温度，是指在一个标准大气压下，以水的冰点为 273 K，沸点为 373 K，其间也分为 100 等分，每一等分为 1 K。以符号 T 表示，单位是开尔文，简称开，符号为 K。当物质温度降到 0 K(即 −273 ℃)时，物质分子的热运动完全停止，故此温度又称为绝对零度。

$$T = t + 273.15$$

华氏温度(℉)：在一个标准大气压下，以水的冰点为 32 ℉，沸点为 212 ℉，其间分为 180 等分，每一等分即为华氏 1 度，记作 1 ℉，符号 F 表示；与此对应的温度计为华氏温度计。

$$F = 9/5t + 32$$

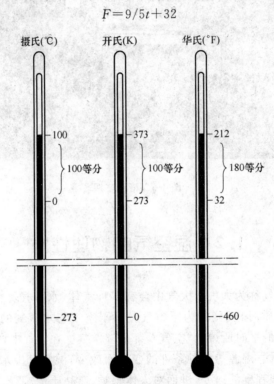

图 1-7　三种常用温标的比较

在温度计的温包上所扎湿纱布后的读数为湿球温度，而未包纱布处于干球状态时的读数为干球温度，干湿球温度计如图 1-8 所示。湿球温度计上的读数反映了湿球纱布上水的温度。如果空气中水蒸气达到饱和状态，则纱布上的水就不会气化，湿球温度计上的读数就与干球温度计上的读数相同；如果空气中的水蒸气未达到饱和状态，则湿球纱布上的水就会不断气化，水气化时需要吸收热量，因此，水温度就会因气化而下降，这时湿球温度低于干球温度。

空气中所含水蒸气越少，则湿球温度就越低，干湿球的温差就越大，反之，干湿球的温差越小，就说明空气越潮湿。

空气在水蒸气含量和气压都不改变的条件下，逐渐降低空气的温度，当空气中所含水蒸气达到饱和状态，开始凝结形成水滴时的温度叫作该空气在一定压力下的露点温度。形象地说，就是空气中的水蒸气变为露珠时候的温度叫露点温度，即当温度降至露点温度以下，湿空气中便有水滴析出。降温法清除湿空气中的水分,就是利用此原理。

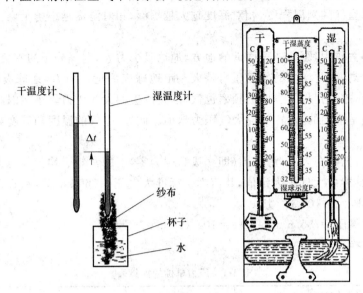

图 1-8　干湿球温度计

露点温度本身是个温度值,可为什么用它可以表示湿度呢? 这是因为,当空气中水蒸气已达到饱和时,气温与露点温度相同;当水蒸气未达到饱和时,气温一定高于露点温度。所以露点温度与气温的差值可以表示空气中的水蒸气距离饱和的程度。

空气的露点温度和空气的相对湿度有关。相对湿度越大,露点温度越高,物体表面越容易结露。在黄梅季节,墙壁、地面常出现露水,就是空气中水蒸气大的缘故。

湿空气的露点温度是判断空气是否会结露的依据。

湿空气在接触低于露点温度的物体表面时,接触表面上的空气层被冷却到露点温度,湿空气的相对湿度达到 100% ,如果温度继续下降,将有凝结水析出。

2. 湿度

湿度,表示空气干燥程度的物理量。在一定的温度下一定体积的空气里含有的水蒸气越少,则空气越干燥;水蒸气越多,则空气越潮湿。空气中水蒸气的含量通常用含湿量、绝对湿度和相对湿度来表示。

含湿量是湿空气中水蒸气质量(g)与干空气质量(kg)之比值,单位是 g/kg。它较确切地表达了空气中实际含有的水蒸气量。空气的温度越高,它容纳水蒸气的能力就越高。空气中水蒸气的溶解量随温度不同而变化。1 m³ 空气可以在 10 ℃下溶解 9.41 g 水,在 30 ℃下溶解 30.38 g 水。在温度恒定的情况下,空气容纳水蒸气的能力是有限的,单位质量湿空气中水蒸气已达到最大限度,不再有吸湿能力,即不能再接纳水汽,这时的湿空气达到饱和,称为饱和湿空气。

绝对湿度是一定体积的空气中含有的水蒸气的质量,单位是 g/m³。绝对湿度的最大限度是饱和状态下的最高湿度。绝对湿度只有与温度一起才有意义。

相对湿度是湿空气的绝对温度与其在同温同压时饱和状态的绝对湿度之比,它的值显示水蒸气的饱和度有多高。随着温度的增高,空气中可以容纳的水就越多,也就是说,在同样多的水蒸气的情况下温度升高相对湿度就会降低。因此在提供相对湿度的同时也必须提供温度的数据。

绝对湿度只表示湿空气中实际水蒸气的含量,不能说明该状态下湿空气的饱和程度。相对湿度可以表示空气的潮湿程度,相对湿度越大越潮湿,相对湿度越小越干燥。

3. 压力

由于地心引力作用,距地球表面近的地方,地球吸引力大,空气分子的密集程度高,撞击到物体表面的频率高,由此产生的大气压力就大。距地球表面远的地方,地球吸引力小,空气分子的密集程度低,撞击到物体表面的频率也低,由此产生的大气压力就小。因此在地球上不同高度的大气压力是不同的,位置越高大气压力越小。此外,空气的温度和湿度对大气压力也有影响。

在物理学中,把纬度为 45°海平面(即海拔高度为零)上的常年平均大气压力规定为 1 标准大气压(atm)。此标准大气压为定值,其值为 1 标准大气压=760 mmHg=1.033 工程大气压=$1.013\ 3\times10^5$ Pa=0.101 33 MPa。

一个工程大气压=735.6 mm 汞柱=104 kgf/m²

压力单位的换算如表 1-1 所示。

表 1-1　压力单位的换算表

Pa	bar	kgf/m²	Psi	atm
103	1	1.019 7	14.5	0.986 9
98.07×10^3	0.98	1	14.223	0.967 8
1.013×10^3	1.013 3	1.033 3	14.7	1

地球表面的大气层对地球表面的物体所造成的压力称为大气压力,符号为 B。

设备内部或某处的真实压力称为绝对压力,符号为 P。

图 1-9 中,图(a)表示容器中的气体压力(绝对压力)P 比外界大气压力 B 大了 h_1 的液柱高度,高出的这部分压力称为表压力,符号为 P_g。三者之间的关系为

$$绝对压力\ P=表压力\ P_g+大气压力\ B$$

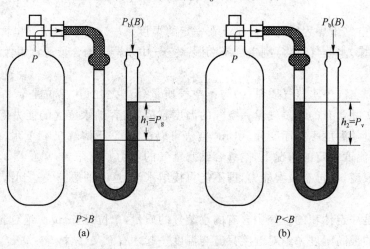

图 1-9　用液柱高度表示容器中压力值

图(b)表示容器中的气体绝对压力 P 比外界大气压力 B 低了 h_2 的液柱高度,这段高度称为真空度,用 P_v 表示,则

$$绝对压力 P + 真空度 P_v = 大气压力 B$$

压力和沸点的关系为降低压力能使沸点降低,增加压力能使沸点升高。在空调制冷系统中,用控制制冷剂的蒸发压力来达到要求的蒸发温度,以获得一定的低温。

在选择空调或风机时,常常会遇到静压、动压、全压这三个概念。根据流体力学知识,流体作用在单位面积上所垂直力称为压力。当空气沿风管内壁流动时,其压力可分为静压、动压和全压,单位是 mmHg 或 kg/m^2 或 Pa,我国的法定单位是 Pa。

静压(P_i):由于空气分子不规则运动而撞击于管壁上产生的压力称为静压。空气静压是气体分子对容器壁所施加的压力,它有两个基本性质:一是静压总是垂直并指向作用面,二是静压各向同值。计算时,以绝对真空为计算零点的静压称为绝对静压。以大气压力为零点的静压称为相对静压。空调中的空气静压均指相对静压。静压高于大气压时为正值,低于大气压时为负值。

动压(P_b):指空气流动时产生的压力,只要风管内空气流动就具有一定的动压,其值永远是正的。动压是单位体积风流动所具有的动能,它恒为正具有方向性,它的方向就是风流动的方向。动压=0.5×空气密度×风速²。所说的风速是风机出口处的风速。

全压(P_q):全压是静压和动压的代数和:$P_q = P_i + P_b$。全压代表 1 m^3 气体所具有的总能量。若以大气压为计算的起点,它可以是正值,亦可以是负值。

4. 热量

热量是能量的一种形式,是表示物体吸热或放热多少的物理量。热量的单位通常用卡(cal)或千卡也叫大卡(kcal)表示。1 kcal 即 1 kg 纯水升高或降低 1 ℃所吸收或放出的热量。在国际单位制(SI)中,热量经常用焦耳(J)表示。

$$1 J = 0.238\ 9\ cal$$

单位量的物体温度升高或降低 1 ℃所吸收或放出的热量,通常用符号℃表示,单位是 kcal/(kg·℃)。

在一定压力下,1 kg 水升温 1 ℃所吸收的热量是 1 kcal,而空气则为 0.24 kcal。

物体吸热或放热后,只改变物体的温度,而不改变物体的相态,这种热量称显热。它可以通过温度计进行测量。例如,1 kg 水从 30 ℃加热到 80 ℃,水吸热了 209.38 kJ(50 kcal)。计算某一房间的热负荷时,空气温度高于设定温度而产生的热负荷成为显热负荷。

物体吸热或放热时,只改变物体的状态,而物体的温度不变,这种热量称潜热。它不能通过温度计进行测量。例如:1 kg 100 ℃的水改变成 100 ℃的水蒸气需吸热 2 257.2 kJ;1 kg 0 ℃的水改变成 0 ℃的水蒸气需吸热 2 501 kJ。计算某一房间的热负荷时,空气湿度高于设定湿度而产生的热负荷成为潜热负荷。

某一个房间来说,显热比即该房间的热负荷中显热负荷占总热负荷的百分比。空调性能参数中描述的显热比则表示该空调的制冷能力中,显冷量占总冷量的百分比。一般对某一特定房间进行空调设备选型时,应根据该房间的热负荷的显热比,选择对应显热比制冷能力的空调设备。

在通信机房中,由于专用空调的风量大,而且结构设计上蒸发盘管面积大,因而能实现高显热比。机房专用空调的送风温度一般为 13～15 ℃。在温度为 22～24 ℃、湿度为 45%的环境下,如果此时也没有外部湿量入侵,则机房专用空调基本很少开启除湿功能,因此除湿量很小,显热比很高,在 95%以上。

传热的方式有三种:传导、对流和辐射,如图 1-10 所示。

热传导,指在物质在无相对位移的情况下,物体内部具有不同温度,或者不同温度的物体直接接触时所发生的热能传递现象。

对流传热,又称热对流,是指由于流体的宏观运动而引起的流体各部分之间发生相对位移,冷热流体相互掺混所引起的热量传递过程。对流传热可分为强迫对流和自然对流。强迫对流,是由于外界作用推动下产生的流体循环流动。自然对流是由于温度不同密度梯度变化,重力作用引起低温高密度流体自上而下流动,高温密度流体自下而上流动。

热辐射,是一种物体用电磁辐射的形式把热能向外散发的传热方式。它不依赖任何外界条件而进行,是在真空中最为有效的传热方式。

不管物质处在何种状态(固态、气态、液态或玻璃态),只要物质有温度(所有物质都有温度),就会以电磁波(也就是,光子)的形式向外辐射能量。这种能量的发射是由于组成物质的原子或分子中电子排列位置的改变所造成的。

实际传热过程一般都不是单一的传热方式,如煮开水过程中,火焰对炉壁的传热,就是辐射、对流和传导的综合,而不同的传热方式则遵循不同的传热规律。为了分析方便,人们在传热研究中把三种传热方式分解开来,然后再加以综合。

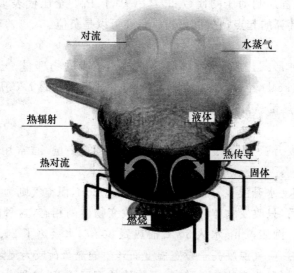

图 1-10　热传导形式

5. 焓

焓,简单讲即表示单位质量的物质所含有的热量。用符号 i 表示,单位是 kJ/kg。在空调工程中,对空气进行处理时,常需要确定空气所吸收或放出的热量。在压力不变的情况下,焓差值等于热交换量。在空调过程里,湿空气的状态变化过程,可看成是在定压下进行的,可用变化前后的焓差值来计算空气得到或失去的热量。

1 kg 干空气的焓和 d kg 水蒸气的焓的总和,称为 $(1+d)$ 公斤湿空气的焓。(热力学取 0 ℃的干空气和 0 ℃的水的焓值为零)则湿空气的焓表示如下:

$$i=i_g+d\times i_q \qquad \text{kJ/kg 干空气}$$

式中,i 对应 1 kg 干空气的湿空气之焓,单位为 kJ/kg 干空气;i_g,i_q 分别为 1 kg 干空气和 1 kg 水蒸气的焓,单位为 kJ/kg。而

$$i_g=C_{p \cdot g}\times t$$

$$i_q = 2\,500 + C_{p \cdot q} \times t$$

式中，$C_{p \cdot g}$ 为空气的定压比热，在常温下 $C_{p \cdot g} = 1.005 \approx 1.01$ kJ/(kg·℃)；$C_{p \cdot q}$ 为水蒸气的定压比热，在常温下 $C_{p \cdot q} = 1.84$ kJ/(kg·℃)；2 500 为 0 ℃时水的气化潜热 kJ/kg。将比热值代入，得湿空气焓计算式：

$$i = 1.01t + d(2\,500 + 1.84t) \quad \text{kJ/kg 干空气}$$
$$i = (1.01 + 1.84d)t + 2\,500d \quad \text{kJ/kg 干空气}$$

由式中可看出$[(1.01 + 1.84d)t]$是随温度而变化的热量，称之为"显热"，而$(2\,500\,d)$是 0 ℃时 d kg 水的气化热，它仅随含湿量变化，而与温度无关，故称为"潜热"。

由此可见，湿空气的热量（焓）是由湿空气本身的温度（显热）和含湿量（潜热）两部分组成的（潜热通俗地讲，即是水分吸收热量气化，将热量带到了空气中）。

湿空气的焓湿图如图 1-11 和图 1-12 所示。

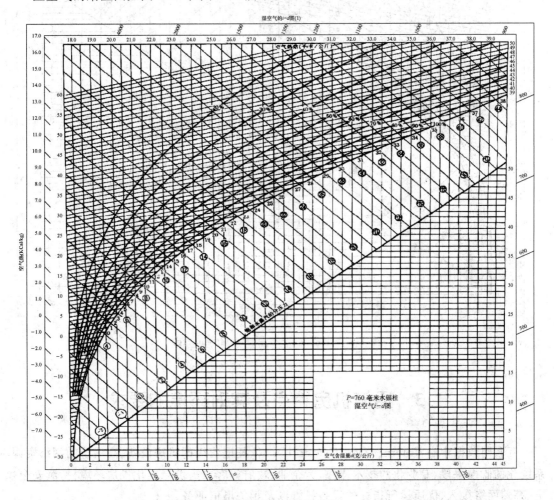

图 1-11　湿空气 $i-d$ 图（$P = 760$ mmHg）

在热力学定义的焓湿图里，横坐标轴为含湿量 d，纵坐标为焓 i，为使图面开阔、线条清晰，两坐标轴之间的夹角大于或等于 135 ℃，等温线是根据公式 $i = 1.01 + d(2\,500 + 1.84t)$ 制作成的，等相对湿度线是根据公式 $d = 0.622 \cdot \phi P_{q \cdot b} / (B - \phi P_{q \cdot b})$ 绘制。$\phi = 0\%$ 的相对湿度线即是纵轴线，$\phi = 100\%$ 即是饱和湿度线。以 $\phi = 100\%$ 的相对湿度线为界，曲线以上为湿空气区

（未饱和区），在湿空气区，水蒸气处于过热状态；以下为过饱和区，由于过饱和状态是不稳定的，通常有凝结现象，所以又称为有雾区。

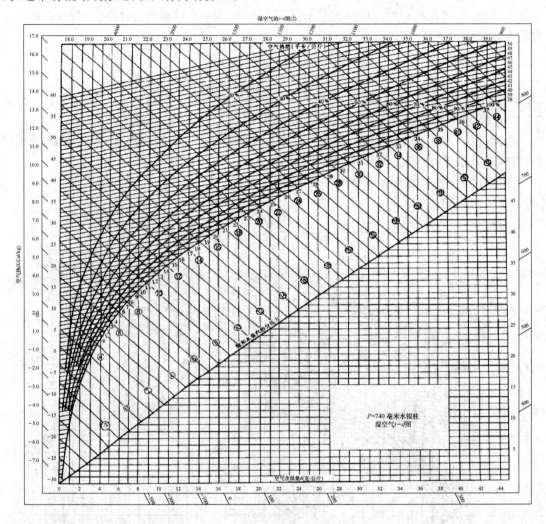

图 1-12　湿空气 $i-d$ 图（$P=740\,\mathrm{mmHg}$）

1.3　通信机房特点及其对环境的要求

互联网数据中心（Internet Data Center，IDC）依托电信级的机房设备、高质量的网络资源、系统化的监控手段、专业化的技术支撑，为企业、政府等客户提供标准化机房环境、持续安全供电、高速网络接入、优质运行指标的设备托管以及相关增值业务。

通信机房尤其负荷特点，如程控交换设备、传输设备等机房使用的空调明显区别于舒适性空调。相较之下 IDC 机房更有独特之处，有以下几点。

1. 设备散热量大且热密度集中

计算机设备目前的运算速度越来越快，体积越来越小，而服务器作为一种特殊类型的计算机，其运算能力更强，体积更小，散热也更大且集中。单台 1U 的服务器可达 400 W 的功率，单台 2U 的服务器可达 600 W 的功率,如果不限制用电量的话,一个标准 19 英寸机架同以达到 4 kW 以上的功率,而独立的塔式服务器甚至可以达到 8～10 kW。以标准 19 英寸机架计算,其底面只有 600 mm×800 mm,面积合 0.48 m²,热密度大得惊人。

2. 设备散湿量很小

计算机设备虽然散热量大,但无散湿量。机房内的湿量主要来自工作人员及渗入的室外空气。因此,机房内的散湿量很小,IDC 机房内的散湿量平均只有 8～16 g/m²h。

3. 空调送风焓差小

因为 IDC 机房的高热量、小散湿量,所以空调在处理空气过程中以制冷为主,除湿为辅,空气处理过程可以近似为一个等湿降温过程。考虑到设备结露问题,机房空调的送风温度较舒适空调偏高,因此显热比很高,焓差明显小。小焓差的处理过程,便专用空调的能效比也相对较高。

4. 空调送风量大

在小焓差的情况下,要消除设备的大热量,增大通风量是必然的。大风量在有限空间内循环,换气次数明显大于其他类型的空调。在 IDC 机房中,一般的换气次数在 30～60 次/小时,如此高的换气次数使得机房内的温度分布更趋于均匀。

5. 空调送风方式

送风方式直接关系空调的最终效果。机房空调的送风方式一般有上送下回、下送上回、上送侧回 3 种,采用较多的是下送上回、上送侧回两种。上送侧回方式比较适用于发热量大约 250 W/m² 的情况,而 IDC 机房的发热量至少为 500 W/m²,冷空气下沉效果很差,明显不适用。此外,由于冷风不直接经过机架内部,因此一些早期建设的上送侧回的系统,几乎都出现过机房温度偏高的问题。当 IDC 机房内平均耗电功率达到 1 kVA/m² 以上时,必须采用下送风方式的空调系统。

6. 空调高稳定性和高可靠性

IDC 机房投产后,有一个很长的运行周期,在此期间,空调必须具有高稳定性和高可靠性。

空调设备的故障将直接影响机房的环境,进而影响服务器的正常工作。机房建设时,选择空调会考虑 N+1 的余量备份,但如果空调的故障率高还是会将余量备份消耗殆尽,因此要保证高可靠性。

专用空调的高可靠性还体现在断电后的自动复位,在断电恢复后能够现场自动复位或通过远程监控复位,这比人工复位迅速,尤其是无人值守机房。

通信机房内空调的主要对象为设备,同时还需要兼顾人员进出机房进行操作,因此通信机房对空气的参数指标有严格的要求。

1. 温度要求

温度是通信机房正常运行的基础条件。通信设备尤其是交换机等设备对机房的温度有着较高的要求。温度偏高,易使机器散热不畅,影响电路的稳定性和可靠性,严重时还可造成元器件的击穿损坏。温度对计算机设备的电子元器件、绝缘材料以及记录介质都有较大的影响。如对半导体元器件而言,室温在规定范围内每增加 10 ℃,其可靠性就会降低约 25%;对于电容器,温度每增加 10 ℃,其使用寿命将下降 50%;绝缘材料对温度同样敏感,温度过高,印刷电路板的结构强度会变弱,温度过低,绝缘材料会变脆,同样会使结构强度变弱;对记录介质而言,温度过高或过低都会导致数据的丢失或存取故障。在正常工作的服务器中,一般 CPU 的温度最高,有的可达 95 ℃,当电子芯片的温度过高时,非常容易出现电子漂移现象,服务器就可能出现死机甚至烧毁。因此机房环境温度与设备运行的可靠性之间有必然的联系,表 1-2 为国外某公司对计算机的可靠性与温度之间的关系的实验结果。

表 1-2　机房温度与计算机可靠性对照

机房温度	10 ℃	15 ℃	25 ℃	35 ℃	40 ℃
可靠性变化	1.00	1.22	1.17	0.87	0.85

空调的冷风并非直接冷却计算机内部,而需要几次间接冷却接力,因此,保持适当的环境温度对于设备的正常运行十分必要。通信设备在长期运行工作期间,机器温度控制在 18～25 ℃较为适宜。通信机房内不要安装暖气并尽可能避免暖气管道从机房内通过。IDC 机房中,综合考虑设备可靠性、节能等因素,夏季设置温度应在规定范围内偏上限为佳,例如设置温度为 24±1 ℃;冬季设置温度应在规定范围内偏下限为佳,例如设置温度为 22±1 ℃。这样一方面考虑到设备运行环境的保障,另一方面可以节约电能。

2. 机房温度变化率与不结露要求

机房温度变化率应小于 5 ℃/h。如果变化率太大,一方面会失去对温度控制精度的要求:由于机房空调已经设置了标准温度和偏差可控范围,空调正常运行期间应该在此范围以内,偏离说明温度已经失控,如果是向上偏离,即温度逐步升高,这将导致机房温度完全不符合设备对环境的需求,迅速的升温趋势将是机房重大故障的前兆。

另一方面,由于部分机架或设备的热惰性大,还处于较低的温度,遇到热空气可能会结露,后果非常严重。如果温度是向下偏离,机架或设备将被过度冷却,一旦环境温度迅速回归标准值也将在机架或设备上产生凝露。因此控制机房内温度波动速率,尽量使其保持恒温,使温度变化率在允许范围内,对于机房保持稳定的环境温度和控制结露是非常有效的。

3. 机房内温度梯度控制要求

温度梯度即温度场在机房内的分布情况。机房专用空调的温度是取机房回风温度作为标准,忽略了温度在机房分布不均的实际情况。虽然专用空调用低焓差、大风量来保证温度场在机房内各点的均匀分布,但由于机房内结构、布局、发热量不均等因素的影响,肯定存在死角,会出现局部温度低或高的情况。温度梯度是无法完全消除的,建议将机房内的温度梯度控制在 3 ℃以内,即温度最高点与最低点相差 3 ℃以下。为了送到这一指标,需要对气流作相应调整,进行合理组织,便每个机架的送风量与实际发热量相适应并基本匹配。

4. 湿度要求

相对湿度对通信设备的影响也同样明显。当相对湿度较高时,水蒸气在电子元器件或电介质材料表面形成水膜,会腐蚀开关线路,易引起设备的金属部件和插接件管部件产生锈蚀,并引起电路板、插接件和布线的绝缘能力降低,严重时还可造成电路短路,进而导致设备功能失效和故障。当相对湿度过低时,容易产生较高的静电电压,干扰设备的正常运行和损坏电子元件,威胁通信设备的安全。

试验表明,在计算机机房中,如果相对湿度为 30%,静电电压可达 5 000 V;相对湿度为 20%,静电电压可达 10 000 V;相对湿度为 5%时,静电电压可达 20 000 V。高达上万伏的静电电压对计算机设备的影响是显而易见的。因此,在 IDC 机房中,普遍要求的相对湿度范围是 40%～70%,这个区间是全国各地的总范围。对于沿海湿润地区,建议设定值在(55%±5%)RH,这样可以避免过多的除湿工作造成潜热的浪费;对于西部地区,建议设定值在(45%±5%)RH,这样可以避免过多的加湿工作造成潜热的浪费,同时可以减少加湿器的清洗工作。

5. 电气环境要求

电气环境的要求主要是指防静电要求和防电磁干扰等。通信设备内部电路采用大量的半导体 MOS、CMOS 等器件。这类器件对静电的敏感范围为 25～1 000 V,而静电产生的静电电压往往高达数千伏甚至上万伏,足以击穿各种类型的半导体器件,因此机房应铺设抗静电活动地板,地板支架要接地,墙壁也应做防静电处理,机房内不可铺设化纤类地毯。

工作人员进入机房内要穿防静电服装和防静电鞋,避免穿着化纤类服装进入机房。柜门平常应关闭,工作人员在机房内搬动设备和拿取备件时动作要轻,并尽量减少在机房内来回走动的次数,以免物体间运动摩擦产生静电。

6. 机房洁净度和正压要求

电子器件、金属接插件等部件如果积有灰尘可引起绝缘性降低和接触不良,严重时还会造成电路短路。在洁净度要求中,有两个方面的问题:一是灰尘粒子不能导电、导磁且不能有腐蚀性,只要有这些粒子进入机房,对计算机中的线路板的破坏作用非常明显;另一个问题是粒子的浓度,0.5 μm 级灰尘粒子的危害小些,5 μm 级的危害较大,这是因为越大的粒子越容易在线路板上堆积,浸水分后形成电桥,产生短路。因此机房空调多采用亚高效的过滤器,能够对灰尘进行过滤。

对于长期运行但无法经常清洁的设备,专门对设备做一次清洁是很有必要的。在长期的维护工作中,有时会碰到电路板的告警,如果对该电路板重新插拔,清洁掉电路板插针周围的灰尘,电路板就会恢复正常。

当然,尽量减少机房内灰尘的产生,从而减少过滤网的过滤量是最好的。在机房中,内装潢材料粉尘的脱落、纸张短纤维、衣物纤维、人员进出携带的灰尘等,都是机房内灰尘粒子的来源。因此必须建立严格的机房管理制度,在机房内穿着防尘服和鞋套,减少机房内纸张的使用。另外严把内装潢的质量关也非常重要,尤其是新建成的机房,一定要将灰尘清理干净。

机房灰尘的来源主要是来自室外空气,因此为防止室外空气携带来灰尘等颗粒,机房需要保持正压,以抵制外界空气从门缝等处无序进入。与其他房间、走廊间的压差不应小于 4.9 Pa,与室外静压差不应小于 9.8 Pa。当然正压也不宜过大,否则可能导致门窗无法开关。

7. 机房专用空调送风压力与送风距离的要求

空调出风压力对于送风有决定性作用。IDC 主机房的规模都较大,面积小的在 200～300 m²,面积大的可以达到 800～1 000 m²,且多呈长方形,无论空调是双侧布置在短边还是单侧布置在长边,送风距离都在 10～15 m。对于上送侧回的送风方式,由于是风帽射流,即使出口风压达到 100 Pa 以上,都很难保证末端送风量;对于下送上回的送风方式,机房空调送风压力要保证在 75 Pa 以上,而且防静电地板的高度要在 40 cm 以上,确保无线缆遮挡的情况下,可以保证 13～15 m 处的送风。

专用空调机组具备风压可调是很实用的功能,可以根据实际情况进行压力调整,保证远端的送风。风机调压主要通过调整转速来进行。风压增加的数值是转速增加数值的平方,同时流量也增加,增加值与转速的增加同比。

1.4　机房专用空调与舒适性空调的区别

1. 传统的舒适性空调主要是针对人所需求的环境条件设计的,送风量小,送风焓差大,出风温度设计在 6～8 ℃,降温和除湿同时进行。在温度为 24 ℃、相对湿度大于等于 50％的时候,13.2 ℃为露点温度。就是说,在低于此温度时空气中的水蒸气会凝结成水滴,表现在空调上就是出风带露滴,这对靠近空调出风处的设备极其不利,会导致微电路短路等故障。

机房内置热量占全部热量的 90％以上,它包括设备本身发热、照明发热量、通过墙壁、天花、窗户、地板的导热量,以及阳光辐射热,通过缝隙的渗透风和新风热量等。这些发热量产生余湿量很小,因此采用舒适性空调势必造成机房内相对湿度过低,而使设备内部电路元器件表面积累静电,产生放电损坏设备,干扰数据传输和存储。同时,由于制冷量的 40％～60％消耗在除湿上,使得实际冷却设备的冷量减少很多,大大增加了能量的消耗。

机房专用空调设计为大风量、小焓差,出风温度设计在 13～15 ℃,设计上避免了露点问题,采用严格控制蒸发器内蒸发压力,增大送风量使蒸发器表面温度高于空气露点温度而不除湿,产生的冷量全部用来降温,提高了工作效率,降低了湿量损失,即由于送风量大,送风焓差减小。

2. 舒适性空调风量小,风速低,只能在送风方向局部气流循环,不能在机房形成整体的气流循环,机房冷却不均匀,使得机房内存在区域温差,送风方向区域温度低,其他区域温度高,发热设备因摆放位置不同而产生局部热量积累,导致设备过热损坏。

机房专用空调送风量大,风压高,机房换气次数高(通常在 30～60 次/小时)整个机房内能形成整体的气流循环,使机房内的所有设备均能平均得到冷却。如图 1-13 所示。

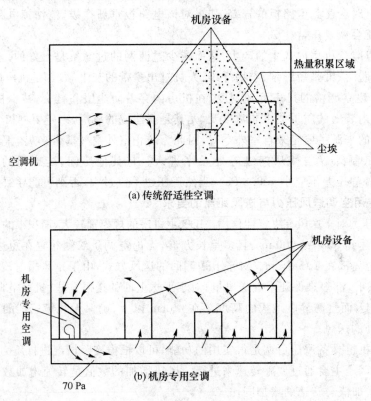

图 1-13 机房空调风量示意图

3. 传统的舒适性空调,由于送风量小,换气次数少,机房内空气不能保证有足够高的流速将尘埃带回到过滤器上,而在机房设备内部产生沉积,对设备本身产生不良影响。且一般舒适性空调机组的过滤性能较差,不能满足计算机的净化要求。

采用机房专用空调送风量大,空气循环好,同时因具有专用的空气过滤器,能及时高效的滤掉空气中的尘埃,保持机房的洁净度。

4. 因大多数机房内的电子设备均是连续运行的,工作时间长,因此要求机房专用空调在设计上可大负荷常年连续运转,并要保持极高的可靠性。舒适性空调较难满足要求,尤其是在冬季,机房因其密封性好而发热设备较多,仍需空调机组正常制冷工作,此时,一般舒适性空调由于室外冷凝压力过低已很难正常工作,机房专用空调通过可控的室外冷凝器,仍能正常保证制冷循环工作。

5. 机房专用空调一般配备专用加湿系统,高效率的除湿系统及电加热补偿系统,通过微处理器,根据各传感器反馈回来的数据能够精确的控制机房内的温度和湿度,而舒适性空调一般不配备加湿系统,只能控制温度且精度较低,湿度则较难控制,不能满足机房设备的需要。

通信机房专用精密空调机组与舒适性空调机的区别如表1-3所示。

表 1-3　机房专用精密空调机组与一般舒适性空调机组的对比表

序号	比较内容	一般空调	专用空调
1	冷风比/(kcal·m^{-3})	5	2.2～3
2	显热比(显冷量/总冷量%)	0.6～0.7	0.9～1.0
3	焓差/(kcal·kg^{-1})	3～5	2～2.5
4	能效比	2.9左右	高于3.3
5	换气次数/小时	一般5～10次	30次以上
6	控制精度	±3℃	±1℃,±3%RH
7	湿度控制	通常没有,只能除湿	有加湿和除湿功能
8	空气过滤	一般性过滤,要求过滤0.2～0.5的粒子	达到0.5μm/L<18 000粒(B级)
9	蒸发温度	3～5℃或更低	7～11℃
10	出风温度	6～8℃	13～15℃
11	迎风面积	较小	1.3～2.7m²
12	迎面风速/(m·s^{-1})	较大	≤2.7 m/s
13	蒸发器排数	4、6、8	2～4 排
14	冷凝方式	风冷	风冷、水冷、自由冷却、双冷源等
15	保证工作的室外环境温度	+35～-5℃	+42～-35℃
16	对电源要求	单相±10%	单相±15%、三相±20%
17	备用	单制冷回路	双制冷回路或能够双机热备
18	连续运行时间(每年)	2 000 h	8 760 h
19	全年运行可靠性	夏季制冷,冬季制热,间歇性运行,可靠性差	基本全年制冷运行,可靠性高
20	使用寿命	3～5 年	大于等于8 年
21	维护性	故障较多	故障少,维护量相对少
22	控制	一般控制	微电脑PID回路逻辑控制方法,控制精度高
23	停电自动复位功能	一般无	大部分有
24	监控	无或非常简单	能进行本机或远程监视温湿度、空气处理状态和各种报警等

1.5　通信机房专用精密空调特点

1. 大风量、小焓差

与相同制冷量的舒适性空调机相比,机房专用精密空调机的循环风量约大一倍,相应的焓差只有一半,机房专用精密空调机运行时通常不需要除湿,循环风量较大将使得机组在空气露点以上运行,不必要像舒适性空调机那样为应付湿负荷而不得不使空气冷却到露点以下,故机组可以通过提高制冷剂的蒸发温度提高机组运行的热效率,从而提高运行的经济性。根据经验,显热比为 1.0 的机组的单位制冷量的能耗仅是显热比为 0.6 的机组的 60% 左右。同样,机房要求温湿度指标相对稳定,较大的循环风量将有利于稳定机房的温湿度指标,显然,在制冷量一定的情况下,风量的增大将导致焓差的减少,因而通常机组只能在显热比相当高的工况下运行,这恰恰与机房的负荷特点相适应。

通常舒适性空调冷负荷中有 30% 是为了消除潜热负荷,有 70% 是为了消除显热负荷。对机房来讲,其情况却大不相同,机房主要是设备散出的显热,室内工作人员散出的热负荷及夏季进入房间的新鲜空气的热湿负荷(仅占总负荷的 5%)。并且冬季是需要加湿而不是减湿,即使在冬季机房仍需要消除热负荷,特别是程控机房更是如此。鉴于以上特点,如将一般舒适性空调机组用于机房,则会造成能量浪费。例如一个热负荷为 7 056 kcal/h 的机房,若使用机房专用空调机组,则总耗电量为 2.7 kW,而舒适性空调机组则需耗电 8.1 kW,即多耗电两倍。同样制冷量的空调机其风量各异,舒适性空调机的风量与冷量比为 1:5,而恒温恒湿机风量与冷量比为 1:3.5,机房专用精密空调机具有大风量、小焓差、高显热比的特点,通常焓差为 2 kcal/kg 左右。也就是说,机房的热负荷 90%～95% 是显热负荷,同样的热负荷显热比越高要求送风量越大。这就要求机房的空调系统能够提供较大的送风量,所以一般机房送风量要比通常舒适性空调房间所需的送风量大 1.6～2 倍。

2. 机房的热负荷变化幅度较大

通常要在 10%～20% 变动,这是由于主机设备所处的工作状态不同,消耗的功耗不同所造成的。因此,机房精密空调系统必须能够适应这种负荷的变化,以使电子元器件工作在所要求的环境条件之中,保证电路性能的可靠性。

3. 送回风方式多样

由于要与电子通信设备的冷却方式相适应,机房的空调系统的送风回风方式是多种多样的:有上送风、下送风,有上回风、下回风、侧回风等,生产企业一般是利用标准化手段开发一系列机型,以满足用户的不同需要。

机房专用精密空调机送风形式多为上送下回和下送上回式。机房中铺设防静电活动地板,机房专用精密空调采用下送上回式送风,使冷气直接进入活动地板下,这样使地板下形成静压箱,然后通过地板送风口,把冷气均匀地送入机房内,送入设备机柜内。

为此,机房专用精密空调应有足够的风量把机房中的热量带走。采用这种送风形式可大大提高空调效率,同时还可以大幅度节省过去习惯的管道送风的工程费用,降低工程造价,使室内布局美观。这是机房理想的送风方式。当然,机房送风形式要与设备散热形式一致。

4. 过滤

通常标准型机组中,空气过滤器均采用粗、中效过滤,而在一些进口的特型机组中,从结构设计上采用预留亚高效过滤器或高效过滤器的安装位置,根据用户需求选用(如净化手术室等就选用亚高效过滤器)。只要用户要求,过滤系统可以很方便地以更换过滤器或者增加过滤器的方式进行升级。一般 A 级洁净要求使用高效或亚高效过滤器,B 级洁净要求使用亚高效或中效过滤器,即使是 C 级洁净要求也应该使用中效过滤器。然而,舒适性空调机一般只有初效过滤器,如果需要提高过滤效率,也只能是改装,而且往往还需增加风机、加大风压,以免空调机因安装了高效或亚高效过滤器而使送风能力大幅度下降。

5. 可靠性较高

针对机房精密空调系统高可靠性的要求,机房专用精密空调机在结构与控制系统设计和制造以及空调系统组成等方面都必须相应采取一系列措施,例如设置后备机组或后备控制单元,微机控制系统自动对机组运行状态进行诊断,实时对已经出现或将要出现的故障发出报警,自动用后备机组或后备控制单元切换故障机组或故障单元。众所周知,机房专用精密空调的控制系统功能比舒适性空调完善得多。

控制系统的性能与空调系统技术经济性能密切相关。不少机房专用精密空调机生产企业专门开发一系列的控制器作为空调系统的组成部分。采用电子控制器或微机控制已经十分普遍,有些企业已经把模糊控制技术应用在计算机房专用空调系统中。

机房专用精密空调机组均采用先进可靠的微电脑控制系统。控制系统由两大部件组成,即智能控制器和操作显示器组件。控制器提供强大的模拟和数字控制能力,可以满足广泛的监测和控制功能,包括实时钟、RS232/RS485 通信接口以及标准的网络连接。大屏幕液晶多制式显示器。操作人员可通过键盘/显示器组件查询设备运行状态及各种故障记录,调整设定参数,保证最高的运行效率。

控制系统可以控制同一机组内各台压缩机分时启动,降低启动电流,均衡同一机组内各台压缩机的工作时间,防止压缩机频繁启动。多台机组可互相串联,互为备份。多台机组可自动分时启动,降低启动电流,均衡不同机组的工作时间。这样,有利于提高专用空调机组的寿命和运行的可靠性。

6. 全年制冷运行

无论是大、中型计算机,还是程控交换机,都要求空调机全年制冷运行。而冬季的制冷运行要解决稳定冷凝压力和其他相关的问题。多数机房专用空调机能在室外气温降至 -15 ℃ 时仍能制冷运行,而采用乙二醇制冷机组,可在室外气温降至 -45 ℃ 时仍能制冷运行。与此形成鲜明对比的是舒适性空调机或常规恒温恒湿机,在此种条件下,根本无法工作。

7. 设计点对应运行点

如果把舒适性空调机用作机房精密空调系统,由于机房要求其运行点为:冬季(20±2)℃,夏季(23±2)℃,而舒适性空调机的设计点温度一般为 27 ℃,所以机组的实际供冷能力一般比样本标明的额定值低 10%～25%。此外,运行点偏离设计点时,在一定程度上机组的部分机件性能由于偏离了最佳运行点,从而影响了机组整体的匹配状态,不利于机组性能的充分发挥和高效率运行。然而机房专用精密空调机,由于把运行点作为设计点,因而机组始终处于最佳运行点,这就从根本上避免了这些问题。

综上所述,根据机房负荷特性及特点,就需要设计出一种将这些要求综合于一体的空调机,实现以处理干冷却工况为主的空气处理过程。

8. 使用寿命

一般机房专用精密空调厂家的设计寿命是最低是 10 年,连续运行时间是 86 400 小时,平均无故率达到 25 000 小时,实际运用过程中,机房专用精密空调可运行 15 年。

根据国家家电行业标准,舒适性空调机的基础设计寿命每年按运行半年计算,为 3 年时间,无连续运行时间指标,平均无故障时间 5 000 小时,只适合于间断运行,在实际使用过程中,舒适性空调机可连续运行的时间为 3~5 年,比机房专用精密空调相差 3 倍。

第2章 制冷系统的原理和基本组成

在制冷技术中,实现制冷的方法有多种,如蒸气压缩式制冷,吸收扩散式制冷,半导体制冷,化学制冷等。而蒸气压缩式制冷循环是目前制冷技术中应用最广的制冷方式,也是空调实现制冷的主要方法。这里仅以采用氟利昂为制冷剂的蒸气压缩制冷循环为例,说明其制冷原理。

2.1 制冷系统的基本原理

液体气化制冷是利用液体气化时的吸热、冷凝时的放热效应来实现制冷的。液体气化形成蒸气。当液体(制冷工质)处在密闭的容器中时,此容器中除了液体及液体本身所产生的蒸气外,不存在其他任何气体,液体和蒸气将在某一压力下达到平衡,此时的气体称为饱和蒸气,压力称为饱和压力,温度称为饱和温度。平衡时液体不再气化,这时如果将一部分蒸气从容器中抽走,液体必然要继续气化产生一部分蒸气来维持这一平衡。

液体气化时要吸收热量,此热量称为气化潜热。气化潜热来自被冷却对象,使被冷却对象变冷。为了使这一过程连续进行,就必须从容器中不断地抽走蒸气,并使其凝结成液体后再回到容器中去。从容器中抽出的蒸气如直接冷凝成蒸气,则所需冷却介质的温度比液体的蒸发温度还要低,我们希望蒸气的冷凝是在常温下进行,因此需要将蒸气的压力提高到常温下的饱和压力。

制冷工质将在低温、低压下蒸发,产生冷效应;并在常温、高压下冷凝,向周围环境或冷却介质放出热量。蒸气在常温、高压下冷凝后变为高压液体,还需要将其压力降低到蒸发压力后才能进入容器。

制冷系统是一个完整的密封循环系统,组成这个系统的主要部件包括压缩机、冷凝器、节流装置(膨胀阀或毛细管)和蒸发器,各个部件之间用管道连接起来,形成一个封闭的循环系统,在系统中加入一定量的氟利昂制冷剂来实现制冷降温。空调器制冷降温,是把一个完整的制冷系统装在空调器中,再配上风机和一些控制器来实现的。

液体气化制冷循环是由压缩、冷凝、节流、蒸发四个过程组成,如图2-1所示。

压缩过程:从压缩机开始,制冷剂气体在低温低压状态下进入压缩机,在压缩机中被压缩,提高气体的压力和温度后,排入冷凝器中。

冷凝过程:从压缩机中排出来的高温高压气体,进入冷凝器中,将热量传递给外界空气或冷却水后,凝结成液体制冷剂,流向节流装置。

节流过程:又称膨胀过程,冷凝器中流出来的制冷剂液体在高压下流向节流装置,进行节流减压。

蒸发过程:从节流装置流出来的低压制冷剂液体流向蒸发器中,吸收外界(空气或水)的热量而蒸发成为气体,从而使外界(空气或水)的温度降低,蒸发后的低温低压气体又被压缩机吸回,进行再压缩、冷凝、节流、蒸发,依次不断地循环和制冷。

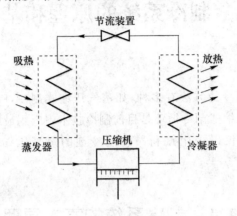

图 2-1　制冷系统循环图

1. 冷风型(单冷型)空调器

单冷型空调器制冷系统如图 2-2 所示。蒸发器在室内侧吸收热量,冷凝器在室外将热量散发出去。

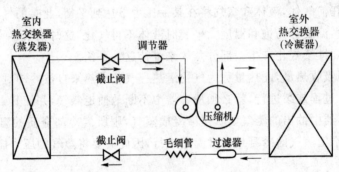

图 2-2　单冷型空调器制冷系统

单冷型空调器结构简单,主要由压缩机、冷凝器、干燥过滤器、毛细管以及蒸发器等组成。单冷型空调器环境温度适用范围为 18～43 ℃。

2. 冷热两用型空调器

冷热两用型空调器又可以分为电热型、热泵型和热泵辅助电热型三种。

(1)电热型空调器

电热型空调器在室内蒸发器与离心风扇之间安装有电热器,夏季使用时,可将冷热转换开关拨向冷风位置,其工作状态与单冷型空调器相同。冬季使用时,可将冷热转换开关置于热风位置,此时,只有电风扇和电热器工作,压缩机不工作。

(2)热泵型空调器

热泵型空调器的室内制冷或制热,是通过电磁四通换向阀改变制冷剂的流向来实现的,如图 2-3 所示。在压缩机吸、排气管和冷凝器、蒸发器之间增设了电磁四通换向阀,夏季提供冷风时室内热交换器为蒸发器,室外热交换器为冷凝器。冬季制热时,通过电磁四通换向阀换向,室内热交换器为冷凝器,而室外热交换器转为蒸发器,使室内得到热风。

热泵型空调器的不足之处是,当环境温度低于 5 ℃时不能使用。

热泵型空调器是在制冷空调器的基础上加一只电磁四通换向阀。图 2-3(a)中,热泵型空调系统制冷时,电磁换向阀不通电。控制阀内的阀塞,将右方的毛细管与中间的公共毛细管的通道关闭,使左方毛细管与中间的公共毛细管的通道沟通,中间公共毛细管与换向阀低压吸气管相连,所以换向阀左端为低压腔。在压缩机排气压力的作用下,活塞向左移动,直至活塞上的顶针将换向阀上的针座堵死。在托架移动过程中,滑块将室内换热器(即蒸发器)与换向阀中间低压管沟通,高压排气管与室外侧换热器(即冷凝器)相沟通,这时的空调器作室内制冷循环,使室内温度下降。

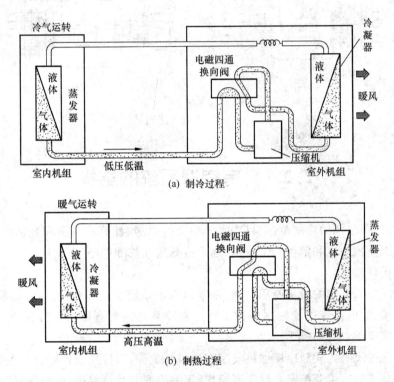

图 2-3　热泵型空调制冷和制热运行状态

图 2-3(b)中,空调器制热时,电磁线圈通电,控制阀塞在电磁力的作用下向右移动,关闭了左侧毛细管与公共毛细管的通道,打开了右侧毛细管与公共毛细管的通道,使换向阀右端为低压腔,活塞就向右移动,直至活塞上的顶针将换向阀上的针座堵死,这时高压排气管与室内侧换热器(即蒸发器)沟通,空调器作室内制热循环。

通过换向阀对管路换向,使原来制冷运行时的蒸发器成为冷凝,而冷凝器则成了蒸发器,从而实现从室外吸热向室内供热,这就是我们称为"热泵"的工作原理。热泵型空调器的特点是夏季用于室内降温,而冬季用于室内传温,如图 2-4 所示。

(3) 热泵辅助电热型空调器

热泵辅助电热型空调器是在热泵型空调器的基础上增设了电加热器,从而扩展了空调器的工作环境温度,它是电热型与热泵型相结合的产品,环境温度适用范围为－5～＋43 ℃。

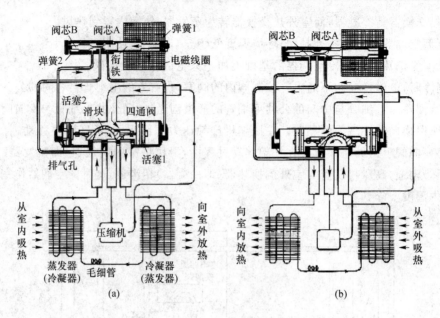

图 2-4　电磁四通阀

2.2　机房空调系统的结构

　　机房专用精密空调的应用范围很广,大中型交换机房、计算机机房和数据中心、高科技环境及实验室、工业控制室和精密加工设备、标准检测室和校准中心、生化培养室、医院等。其技术含量高、品质可靠。

　　无论何种类型、品牌的机房专用空调,基本由六个系统组成:制冷系统、风道系统、加湿系统、电加热系统、配电系统以及控制保护系统。制冷系统主要有四大部件构成:压缩机、蒸发器、冷凝器和膨胀阀,如图 2-5 所示。

　　压缩机:全封闭吸入式制冷压缩机安装在送风气流外,与排热设备配合可连接多至 4 个制冷回路,提供宽裕制冷量及精密温度控制操作,压缩机配有马达保护、检修阀、仪表口及曲轴箱加热器,提供额外保护、延长使用期。

　　蒸发器:分为单板式、A 型和 V 型。最常用的是 A 型。A 型的结构优点是具有较大的迎风面积和较低的迎面风速,以防止逆风带水。蒸发器盘管分为多路进入并作交错安排,借此将每个制冷系统都能遍布于盘管迎风面上。当单一制冷系统运行时,显热制冷量可达总制冷量的 55%～60%。

　　冷凝器:分为水冷式和风冷式。目前进口机房专用空调的类型以风冷型为主。

　　风道系统通常由电动机、风机和空气过滤器组成。

　　风机:双宽度、双入口、前倾扇叶的离心扇,并经静态及动态平衡测试及调校。风机的低转速设计使运行噪声减至最低,自对中垫轴承盒双皮带驱动的系统确保机组全年连续稳定运行。

　　空气过滤器:为了达到空调机房的高洁净度要求,在风道系统设置了空气过滤装置。过滤装置为标准的多折式可更换过滤网,配合低迎面风速。

　　加热:节能式热气再加热系统采用可供选择的电加热或热水加热方式,减低操作电力成本,而且配置送风失流保护。

加湿器:为了达到相对湿度指标,在机房专用空调中安装了加湿装置,它受机房空调的电脑板控制:当机房相对湿度低于设定值下限时,自动启动加湿环节;当机房相对湿度高于设定上限时,自动停止加湿,使机房湿度维持在正常范围内。

机柜:坚固的机柜结构使用骨架和嵌板安装原理,提供灵活和省钱的分嵌安装机柜特点。美观的骨架和嵌板都装上防噪声和隔热绝缘。

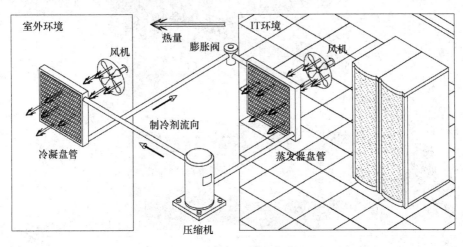

图 2-5　机房空调基本结构

1. 加湿系统

加湿器类型多样,目前已开发出诸多加湿方法,包括热水蒸发加湿、浸没加湿、红外加湿、电极式加湿、超声波加湿等。目前机房空调加湿方法主要红外加湿和电极式加湿。

（1）红外加湿

红外加湿器在不锈钢加湿底盘上采用了高亮度石英红外灯管,如图 2-6 所示。灯管的数量和瓦数取决于加湿器尺寸和所用电压。加湿时,灯管的热量照射在水盘内的水上,灯管释放的红外辐射能量破坏了水的表面张力,这使得水分子蒸发,并随流经水面的空气以纯净蒸气形式加湿。这可实现极其精密和快速的加湿。红外加湿器的反应速度快,从打开灯管到实现满载容量,整个过程所需时间不到 6 秒。如果一个灯管发生故障,只有单位时间内加湿量会减少,但灯管易于快速更换。

由于蒸发不依赖水沸腾,而且也不会因蒸气冷凝发生损失,红外加湿器运行时一般可提供满载容量。但是,由于红外加湿器的气流通过旁路流出精密空气机组,精密空调机组的气流必须在合理值范围内,以使其以满载容量运行。

水中的矿物质在红外加湿时不被蒸发,而是通过系统进行冲洗后,流入排水管或沉积在底盘底部。红外加湿器的使用简单,所有元件易于进行定期维护。由于会在水盘上产生沉淀物或水垢,为使腐蚀和老化率最小化,必须定期清洗或更换水盘。大多数用户只需在条件允许时进行清洗,或备好两个或多个水盘,以便按要求进行更换。

（2）电极式加湿

电极式加湿器采用插在加湿罐内的电极,通过水导电,加热水至沸腾,如图 2-7 所示。在标准大气压 100 ℃条件下,通过定制蒸气分配器释放纯净蒸气。

当机房湿度低于设定湿度时,自动启动加湿循环,然后电磁阀会打开,水将填充到传感器的水平,几分钟之内水应达到沸点。这时加湿罐内有大量的水蒸气,水蒸气不断地从蒸气出口管流出,进入箱体蒸发器,再由风机送到机房内,使环境湿度提高,从而就改变了湿度。正常运行中,供水电磁阀每几分钟会打开以重新充水。

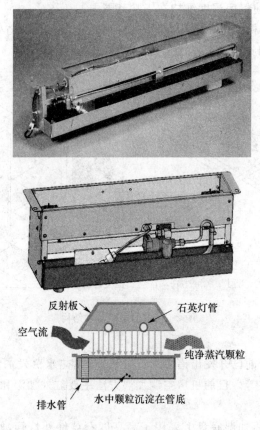

反射板　　　　　　　　石英灯管
空气流　　　　　　　　　　　　纯净蒸汽颗粒
排水管　　　水中颗粒沉淀在管底

图 2-6　红外加湿器

蒸气罐可安装于管道、墙或其他场合的空调内部或外部。分配器可安装在空调系统的送风管道内或配置一个专用风机箱,用于蒸气释放。分配器的管道尺寸应与加湿器容量匹配,并必须安装在适当位置,以避免在运行过程中出现冷凝物阻塞。在到达满载容量之前,电极式加湿器必须把罐内的水加热至沸点温度,该过程需花几分钟的时间。加热是通过给两极间的水通上电流来实现。水中的矿物质含量具有传导性。在此期间,机组要消耗能量,能耗的相对重要性因机组开关的次数不同而不同。因此,如果运行是间歇性的,蒸气罐系统的运行效率比预期要低,同时,由于系统老化和电极消耗,系统效率可能随着时间的变化逐步降低。

此外,由于电极式加湿器必须将其蒸气通过管道加入空气机组的气流,因此软管和分配器内的损失会对加湿效率产生影响。损失程度主要取决于软管长度和弯管数量。例如,如果罐内产生了 20 磅/小时蒸气,而因冷凝原因损失了 4 磅/小时,那么净输出量降至 16 磅/小时(与20 磅/小时所需的输入功率相同)。该部分损失的原因主要是蒸气回流至软管后排干或回流至瓶内。如果分配器置于蒸发器盘管吸气侧的冷金属表面附近,其效率也会受到负面影响,因为有些热蒸气会在金属表面冷凝,而不被吸入至空气。

蒸气罐系统需要考虑的另一个因素是水质。要取得最优性能,蒸气罐要求水的导电率为200～500 mΩ(微欧姆)。过高的导电率可能会引起过度电弧,而低于 60 mΩ 时,电流在电极间流动所需的传导性不足。电极是罐内可更换的部件之一,水质和运行时间确定电极的使用寿命。水中所含矿物质会对电极造成污染,而蒸气罐能持续使用几周或几月。它是系统内唯一可以维修的部件。

电极式加湿比红外加湿具有更大的应用灵活性,因为加湿罐无须安装在气流内,但是,发出加湿指令时需要加热水至沸腾,对湿度变化的反应速度较慢。

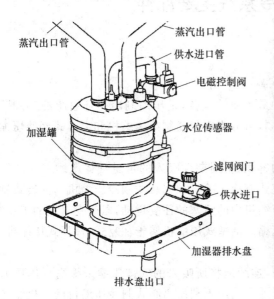
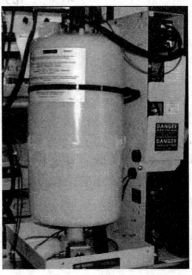

图 2-7　典型的蒸气罐式加湿器

2. 蒸发器的去湿功能

在正常制冷循环中,室内机风扇以正常速度运转,供给设计气流以及最经济的能量以满足制冷量的要求。

（1）简单的除湿功能

当需要除湿时,压缩机运行,但室内机马达转速降低,通常为原转速的 2/3,因此风量也减少了 1/3,通过冷却盘管的出风温度变成过冷,产生良好的冷凝效果即增加了除湿量。以此法增加去湿量带来的弊端有:当出风量减少 1/3,通常在几秒之内出风温度降低 2～3 ℃,当突然降低温度速度达到最大允许值每 10 分钟降低 1 ℃时,造成控制可靠性降低;当出风量减少 1/3,过滤效率降低,对换气次数及通风量都有很大影响,造成室内控制精度降低和温度分布不均匀;由于出风温度降低,需接通电加热器以提高室温,造成温度控制不精确和增加运行费用。

（2）专门的去湿循环

冷却绕组分为上、下两个部分,分别为总冷却绕组的 1/3 和 2/3。在正常冷却方式下,制冷工质流过冷却绕组的两个部分。在除湿方式下,常开电磁阀关闭,这样就把通向冷却绕组的上部绕组（1/3 部分）的氟利昂制冷剂切断了,全部氟利昂制冷剂都流向冷却绕组的下部绕组（2/3）部分。通过下部绕组的空气的温度是很低的,通常至少比冷却循环中的空气降低 3 ℃,所以增加了去湿效果,但其弊端是总制冷量会减小和吸气压力降低。

（3）旁路气体调节器

在 A 型蒸发器顶部安装一个旁路气体调节器,在正常冷却方式下这个调节器是关闭的,所有返回的气体都要平均地经过两个冷却绕组。当需要进行除湿操作时,旁路气体调节器完全打开,使 1/3 的返回气体旁路经过 A 框绕组的顶部而没有经过冷却,另外 2/3 的返回气体均匀地通过 A 框绕组,排出气体的温度被快速降低,增加去湿效果。

此种去湿方法的效果与专门的去湿循环相同,但是其优点是总制冷量将保持不变。

2.3　制冷系统主要部件

2.3.1　压缩机

制冷压缩机是蒸气压缩式制冷系统中最主要的设备,是压缩制冷循环系统的"心脏"。制冷压缩机的形式很多,根据工作原理的不同,可分为容积式制冷压缩机和离心式制冷压缩机两大类,如图 2-8 所示。

容积式制冷压缩机是靠改变工作腔的容积,将周期性吸入的定量气体压缩来提高气体压力。常用的容积式制冷压缩机有往复活塞式制冷压缩机和回转式制冷压缩机。回转式制冷压缩机是靠回转体的旋转运动替代活塞式压缩机中的活塞的往复运动,以改变气缸的工作容积,从而将一定数量的低压气态制冷剂进行压缩。活塞式压缩机属于往复式,螺杆式压缩机、旋转式压缩机以及涡旋式压缩机属于回转式。

离心式制冷压缩机是靠离心力的作用,连续地将所吸入的气体压缩来提高气体压力。这种压缩机的转数高,制冷能力大。目前,国外空调用氟利昂离心式制冷压缩机的单机制冷量高达 30 000 kW。

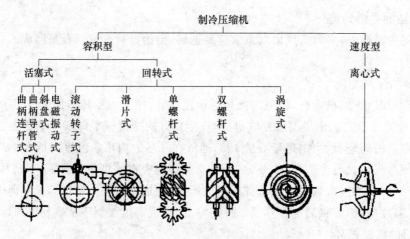

图 2-8　制冷压缩机的分类

目前常用的压缩机主要有活塞式压缩机、涡旋式、螺杆式以及离心式压缩机。其中活塞式制冷压缩机多为中型(标准制冷量 60～600 kW)和小型(小于 60 kW),但是由于其噪声大、效率低切容易发生故障,目前使用的已不多;涡旋式制冷压缩机目前主要用于小型制冷系统,在家用空调以及商用多联机空调等小型系统大量使用;而螺杆机具有结构简单、可靠性高及操作维护方便,另外技术成熟等一系列独特的优点,已经广泛应用于制冷、空调和多种工艺流程中;离心式压缩机结构简单紧凑,运动件少,工作可靠,经久耐用运行费用低,一般适用大于 500 冷吨的制冷系统中,并且可以实现无级调节,使机组的负荷在 30%～100% 范围内工作。

1. 活塞式压缩机

活塞式制冷压缩机是制冷系统的心脏,它从吸气口吸入低温低压的制冷剂气体,通过电机运转带动活塞对其进行压缩后,向排气口排出高温高压的制冷剂气体,送入冷凝器中散热冷凝,为制冷循环提供动力,从而实现压缩→冷凝→膨胀→蒸发(吸热)的制冷循环。图 2-9 所示活塞式制冷压缩机的基本结构形式。

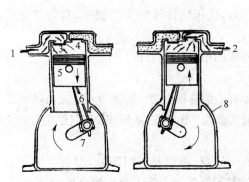

1—吸气腔;　2—排气腔;　3—吸气阀片;　4—排气阀片;
5—活塞;　6—连杆;　7—曲轴;　8—机体

图 2-9　活塞式压缩机

图 2-10 中,活塞式压缩机的工作过程如下。

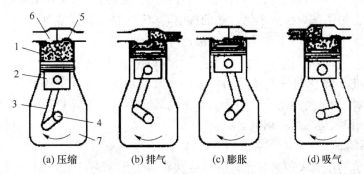

(a) 压缩　　　　(b) 排气　　　　(c) 膨胀　　　　(d) 吸气

1—汽缸;　2—活塞;　3—连杆;　4—曲轴;　5—排气阀;　6—吸气阀;　7—曲轴箱

图 2-10　活塞式压缩机的示意图及工作过程

(1) 压缩过程

当活塞处于最下端位置(称为内止点或下止点)时,气缸内充满了从蒸发器吸入的低压制冷剂蒸气,吸气过程结束;活塞在曲轴—连杆机构的带动下开始向上移动,此时吸气阀关闭,气缸工作容积逐渐减小,处于气缸内的气体受压缩,温度和压力逐渐升高,当气缸内气体的压力升高至略高于排气腔中气体的压力时,排气阀开启,开始排气。气体在气缸内从吸气时的低压升高到排气压力的过程称为压缩过程。

(2) 排气过程

活塞继续向上运动,气缸内的高温高压制冷剂蒸气不断地通过排气管流出,直到活塞运动到最高位置(称为外止点或上止点)时排气过程结束。气体从气缸向排气管输出的过程称为排气过程。

（3）膨胀过程

活塞运动到上止点时,由于压缩机的结构及制造工艺等原因,气缸中仍有一些空间,该空间的容积称为余隙容积。排气过程结束时,在余隙容积中的气体为高压气体。活塞开始向下移动时,排气阀关闭,吸气腔内的低压气体不能立即进入气缸,此时余隙容积内的高压气体因容积增加而压力下降,直至气缸内气体的压力降至稍低于吸气腔内气体的压力,即开始吸气过程时为止,此过程称为膨胀过程。

吸气过程膨胀过程结束时,吸气阀开启,低压气体被吸入气缸中,直到活塞到达下止点的位置。为吸气过程。

影响压缩机输气量的因素很多,下面从四个方面来分析。

（1）余隙容积的影响

当活塞上行至上止点排气终了时,残留在余隙容积中的少量高压剩气无法排出去,当活塞下行之初,少量高压剩气首先膨胀而占据一部分气缸的工作容积,从而减少了气缸的有效工作容积。

（2）吸、排气阻力的影响

压缩机吸、排气过程中,蒸气流经吸、排气腔、通道及阀门等处,都会有流动阻力。阻力的存在势必导致气体压力下降,其结果使得实际吸气压力低于吸气管内压力,排气压力高于排气管内压力,增大了吸排气压力差,并使得压缩机的实际吸气量减少。

（3）吸入蒸气过热

压缩机在实际工作时,从蒸发器出来的低温低压蒸气在流经气管、吸气腔、吸气阀进入气缸前均要吸热而温度升高,比容增大,而气缸的容积是一定的,蒸气比容增大,必导致实际吸入蒸气的质量减少。为了减少吸入蒸气过热的影响,除吸气管道应隔热外,应尽量降低压缩比,使得气缸壁的温度下降,同时应改善压缩机的冷却状况。

（4）泄露

气体的泄露主要是压缩后的高压气体通过气缸壁与活塞之间的不严密处向曲轴箱内泄露。此外,由于吸气阀关闭不严和关闭滞后也会造成泄露。为了减少泄露,应提高零件的加工精度和装配精度,控制适当的压缩比。

2. 旋转式压缩机

旋转式压缩机的电机无须将转子的旋转运动转换为活塞的往复运动,而是直接带动旋转活塞做旋转运动来完成对制冷剂蒸气的压缩。旋转式压缩机的结构如图 2-11 所示。随着曲轴的旋转,制冷剂气体从吸气口被连续送往排气口。滑片靠弹簧与转子保持经常接触,把吸气侧与排气侧分开,使被压缩的气体不能返回吸气侧。在气缸内的气体与排气达到相同的压力之前,排气阀保持闭合状态,以防止排气倒流。

为了防止把大量的制冷液直接吸入气缸内,产生液击,在吸气回路的空压机前部设有气液分离器,润滑油和制冷液一旦进入器内则制冷液在气液分离器内蒸发,空压机吸入的是气体;润滑油从气液分离器下方的小孔中缓缓地连续少量进入空压机,用这种方法防止液击。油泵给油的方法是在转轴下端装设两个齿轮状的叶轮,它与转轴一同转动,对油施加离心力,从转轴中心孔把油导向上方。另外,在轴的外表面上开有螺旋状的油槽,实现对轴承部位的给油。作为安全措施。在空压机顶部装有过负荷继电器,这种继电器是用感温板感受空压机内部高压气体的温度,当达到一定的温度后,继电器动作,空压机停止运转,用这种方法防止电动机烧毁,因此说旋转式空压机是一种很有发展前景的空压机。

旋转式压缩机同过去的往复式压缩机的不同点在于,电动机的旋转运动不转换为往复运动,除了进行旋转压缩外,它没有吸气阀。根据上述道理,旋转式压缩机具有如下特征。

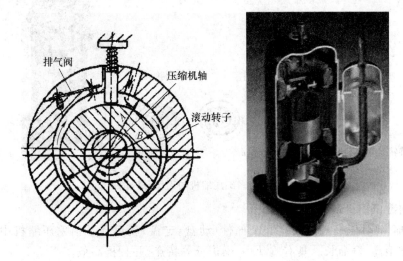

图 2-11　旋转式压缩机示意图

（1）由于连续进行压缩,故比往复式的压缩性能优越,且因往复质量小或没有往复质量,所以几乎能完全消除平衡方面的问题,振动小。

（2）由于没有像往复式压缩机那样的把旋转运动变为往复运动的机构,故零件个数小,加上由旋转轴位中心的圆形零件构成,因而体积小,重量轻。

（3）在结构上,可把余隙容积做得非常小,无再膨胀气体的干扰。由于没有吸气阀,流动阻力小,故容积效率、制冷系数高。

旋转式压缩机的缺点如下。

（1）由于各部分间隙非常均匀,如果间隙不是很小时,则压缩气体漏入低压侧,使性能降低,因此,在加工精度差,材质又不好而出现磨损时,可能引起性能的急剧降低。

（2）由于要靠运动部件间隙中的润滑油进行密封。因此,为从排气中分离出油,机壳内（内装压缩机和电动机的密闭容器）须做成高压,因此,电动机、压缩机容易过热,如果不采取特殊的措施,在大型压缩机和低温用压缩机中是不能使用的。

（3）需要非常高的加工精度。

3. 涡旋式压缩机

涡旋式压缩机是由一个固定的渐开线涡旋盘和一个呈偏心回旋平动的渐开线运动涡旋盘组成可压缩容积的压缩机。

涡旋式压缩机是有两个双函数方程型线的动、静涡盘相互咬合而成。在吸气、压缩、排气的工作过程中,静盘固定在机架上,动盘由偏心轴驱动并由防自转机构制约,围绕静盘基圆中心,作很小半径的平面转动。气体通过空气滤芯吸入静盘的外围,随着偏心轴的旋转,气体在动静盘噬合所组成的若干个月牙形压缩腔内被逐步压缩,然后由静盘中心部件的轴向孔连续派出。涡旋压缩机的工作原理图如 2-12 所示。

涡旋压缩机的独特设计,使其成为当今世界节能压缩机。涡旋压缩机主要运行件涡盘只有龀合没有磨损,因而寿命更长,被誉为免维修压缩机。涡旋压缩机运行平稳、振动小、工作环境宁静,又被誉为"超静压缩机"。涡旋式压缩机结构新颖、精密,具有体积小、噪声低、重量轻、振动小、能耗小、寿命长、输气连续平稳、运行可靠、气源清洁等优点。

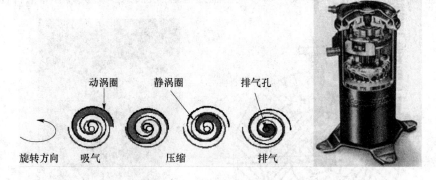

图 2-12　涡旋压缩机的工作原理图

涡旋式制冷压缩机最大的优点如下。

（1）结构简单。压缩机体仅需 2 个部件（动盘、定盘）就可代替活塞压缩机中的 15 个部件。运行可靠型高，寿命长。具有震动小，噪声低等特点，并且提高效率 10％以上。压缩机下部装有橡胶防震架，可大大降低机组的震动。

（2）高效。吸气气体和变换处理气体是分离的，以减少吸气和处理之间的热传递，可以提高压缩机的效率。涡旋压缩过程和变换过程都是非常安静的。

4. 螺杆式压缩机

螺杆式压缩机分为单螺杆式压缩机及双螺杆式压缩机。如图 2-13 所示，螺杆式压缩机气缸内装有一对互相啮合的螺旋形阴阳转子，两转子都有几个凹形齿，两者互相反向旋转。转子之间和机壳与转子之间的间隙仅为 5～10 丝，主转子（又称阳转子或凸转子），通过由发动机或电动机驱动（多数为电动机驱动），另一转子（又称阴转子或凹转子）是由主转子通过喷油形成的油膜进行驱动，或由主转子端和凹转子端的同步齿轮驱动。

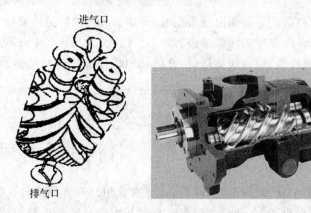

图 2-13　螺杆式压缩机示意图

转子的长度和直径决定压缩机排气量和排气压力，转子越长，压力越高；转子直径越大，流量越大。

螺旋转子凹槽经过吸气口时充满气体。当转子旋转时，转子凹槽被机壳壁封闭，形成压缩腔室，当转子凹槽封闭后，润滑油被喷入压缩腔室，起密封。冷却和润滑作用。当转子旋转压缩润滑剂＋气体（简称油气混合物）时，压缩腔室容积减小，向排气口压缩油气混合物。当压缩腔室经过排气口时，油气混合物从压缩机排出，完成一个吸气—压缩—排气过程。

螺杆机的每个转子由减摩轴承所支承,轴承由靠近转轴端部的端盖固定。进气端由滚柱轴承支承,排气端由一以对靠的贺锥滚柱支承通常是排气端的轴承使转子定位,也就是止推轴承,抵抗轴向推力,承受径向载荷,并提供必需的轴向运行最小间隙。

工作循环可分为吸气、压缩和排气三个过程。随着转子旋转,每对相互啮合的齿相继完成相同的工作循环。

螺杆压缩机与活塞压缩机相同,都属于容积式压缩机。就使用效果来看螺杆压缩机有如下优点。

(1) 可靠性高。螺杆压缩机零部件少,没有易损件,因而它运转可靠,寿命长,大修间隔期可达 4～8 万小时。

(2) 操作维护方便。螺杆压缩机自动化程度高,操作人员不必经过长时间的专业培训,可实现无人值守运转。

(3) 动力平衡好。螺杆压缩机没有不平衡惯性力,机器可平稳地高速工作,可实现无基础运转,特别适合作移动式压缩机,体积小、重量轻、占地面积少。

(4) 适应性强。螺杆压缩机具有强制输气的特点,容积流量几乎不受排气压力的影响,在宽阔的范围内能保持较高效率,在压缩机结构不作任何改变的情况下,适用于多种工况。

螺杆压缩机的主要缺点如下。

(1) 造价高。由于螺杆压缩机的转子齿面是一空间曲面,需利用特制的刀具在价格昂贵的专用设备上进行加工。另外,对螺杆压缩机气缸的加工精度也有较高的要求。

(2) 不能用于高压场合。由于受到转子刚度和轴承寿命等方面的限制,螺杆压缩机只能用于中、低压范围,排气压力一般不超过 3 MPa。

(3) 不能用于微型场合。螺杆压缩机依靠间隙密封气体,一般只有容积流量大于 $0.2 \ m^3/min$ 时,螺杆压缩机才具有优越的性能。

5. 离心式压缩机

离心式压缩机中气压的提高,是靠叶轮旋转、扩压器扩压而实现的。离心式压缩机的工作原理是:当叶轮高速旋转时,气体随着旋转,在离心力作用下,气体被甩到后面的扩压器中去,而在叶轮处形成真空地带,这时外界的新鲜气体进入叶轮。叶轮不断旋转,气体不断地吸入并甩出,从而保持了气体的连续流动。与往复式压缩机比较,离心式压缩机具有下述优点:结构紧凑,尺寸小,重量轻;排气连续、均匀,不需要中间罐等装置;振动小,易损件少,不需要庞大而笨重的基础件;除轴承外,机器内部不需润滑,省油,且不污染被压缩的气体;转速高;维修量小,调节方便。

离心式压缩机有以下一些优点。

(1) 离心式压缩机的气量大,结构简单紧凑,重量轻,机组尺寸小,占地面积小。

(2) 运转平衡,操作可靠,运转率高,摩擦件少,因之备件需用量少,维护费用及人员少。

(3) 在化工流程中,离心式压缩机对化工介质可以做到绝对无油的压缩过程。

(4) 离心式压缩机为一种回转运动的机器,它适宜于工业汽轮机或燃气轮机直接拖动。对一般大型化工厂,常用副产蒸气驱动工业汽轮机作动力,为热能综合利用提供了可能。但是,离心式压缩机也还存在一些缺点。

离心式压缩机的缺点如下。

(1) 离心式压缩机还不适用于气量太小及压比过高的场合。

(2) 离心式压缩机的稳定工况区较窄,其气量调节虽较方便,但经济性较差。

（3）离心式压缩机效率一般比活塞式压缩机低。

2.3.2　冷凝器

冷凝器将压缩机排出的高温高压 R22 蒸气的热量传送给外界周围的冷却介质—空气,使之凝结成高温高压的 R22 液体。由于压缩机连续不断地将高温高压 R22 送入冷凝器,因此虽然使之温度降低,同时冷凝成为液体,但是其中的压力却保持不变。在制冷循环进行时,冷凝器内的高压一般为 16 kgf/cm² 左右。制冷剂进入冷凝器的热量实际上包括三部分:蒸发器从被冷却物体吸收的热量;在压缩机中受压缩时接受由外加机械功转化的热量;低温的制冷剂在管道和设备中流动时从外界传入的热量。

冷凝器按其冷却方式,可分为风冷式和水冷式。

风冷式冷凝器中,制冷剂放出的热量被空气带走。空气冷却式冷凝器多为蛇管式,制冷剂蒸气在管内冷凝,空气在管外流过。根据管外空气流动方式,又可分为自然对流空气冷却式冷凝器强制对流空气冷却式冷凝器。

1. 自然对流式冷凝器

自然对流空气冷却式冷凝器依靠空气受热后产生的自然对流,将制冷剂冷凝放出的热量带走。图 2-14 所示为几种不同结构形式的自然对流空气冷却式冷凝器,其冷凝管多为铜管或表面镀铜的钢管,管外通常做有各种形式的肋片。管子外径一般为 5～8 mm。这种冷凝器的换热系数很小,主要用于家用冰箱和微型制冷装置。

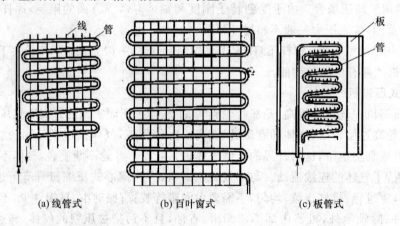

(a) 线管式　　　　(b) 百叶窗式　　　　(c) 板管式

图 2-14　自然对流空气冷却式冷凝器

2. 强迫对流式冷凝器

图 2-15 所示为强迫对流式冷凝器的结构图。它由几组蛇形盘管组成,盘管外加肋片,以增大空气侧换热面积,同时采用通风机加速空气的流动。制冷剂蒸气从上部分配集管进入每根传热管中,空气以 2～3 m/s 的流速横向掠过管束,带走制冷剂的冷凝热,凝液由蛇管留下,汇于液体集管中,排出冷凝器。

沿空气流动方向,蛇管的排数与风机形式有关,小型冷凝器一般为 2～3 排,大型冷凝器可以做到 4 排。蛇管一般用直径较小的铜管制成。管外肋片多为套片式,多用厚 0.2～0.3 mm的铜片或铝片制成,肋间距 2～4 mm。每根蛇管的长度不宜过长,否则后部被液体充满,影响换热效果。

与水冷式冷凝器相比较,风冷式冷凝器唯一的优点是可以不用水而使冷却系统变得十分简单。但其初次投资和运行费用均高于水冷式。在夏季室外气温比较高(30~35 ℃)时,冷凝温度将高达 50 ℃,因此风冷式冷凝器只能应用于氟利昂制冷系统,而且通常是应用于小型装置,用于供水不便或根本无法供水的场合。不过目前国外由于水资源紧张以及水处理费用昂贵,已大量采用风冷式冷凝器,并用于大型制冷装置。

在全年运行的制冷装置中采用风冷式冷凝器,为避免冬季因气温过低而造成冷凝压力过低,由此造成膨胀阀前后压差不足而致使蒸发器缺液,可采用减少风量或停止风机、风机变频等措施弥补。

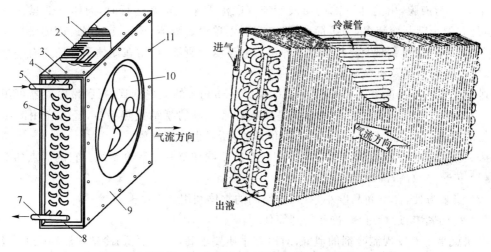

1—肋片；2—传热管；3—上封板；4—左端板；5—进气集管；6—弯头；
7—出液集管；8—下封板；9—前封板；10—通风机；11—装配螺钉

图 2-15　空气强制对流冷凝器

水冷式冷凝器中,制冷剂放出的热量被冷却水带走。冷却水可以是一次性使用,也可以是循环使用。

用水作为冷却介质有许多优点。

(1) 水比较容易取得,江河湖海的水、井水、自来水等均可作为水源。

(2) 作为冷却介质,水温通常低于空气温度,而水的对流换热系数远高于空气,所以采用水冷却可以获得较低的冷凝温度,对提高制冷机的能力和减少能耗均有利。故凡是有条件采用水冷却的场合,应优先选用水冷式冷凝器。

常用的水冷式冷凝器有卧式壳管式冷凝器、立式壳管式冷凝器及套管式冷凝器等形式。

1. 卧式壳管式冷凝器

卧式壳管式冷凝器是一种壳管式换热器,分氨用和氟利昂用两种,它们在结构上大体相同,只是在局部细节和金属材料的选用上有所差异。

卧式壳管式冷凝器的壳体是一个由钢板卷制焊接成的圆柱形筒体,筒体的两端焊有两块圆形的管板,两个管板钻有许多位置对应的小孔,在每对相对应的小孔中装入一根管子,管子的两端用胀接法或焊接法紧固在管板的管孔内,组成了一组换热直管管束。

卧式壳管式冷凝器水平放置,其结构如图 2-16 所示。其两端装有铸铁的端盖,在其内侧面上有经过设计互相配合的分水筋,冷却水的进出水管接头设在同一侧的端盖上,冷却水是从下面进入,上面流出,以保证运行时冷凝器中所有管子始终被冷却水充满,不会在上部存有空气。由于有分水筋的配合,水在管簇中多次往返流动。冷却水每向一端流动一次称为一个"水程"，国内生产的卧式壳管式冷凝器的水程数为 4～10 个。这样的水路设计可以提高冷却水的温差，减少用水量。在另一侧的端盖上，上部有一个放空气的旋塞，供开始运行时放掉水一侧的空气，以免影响冷却水的流通；下部有一个泄水旋塞，用以长期停止使用时放尽冷却水，以防止冬季冻裂水管。

卧式壳管式冷凝器的筒体上也设有若干与系统中其他设备连接的管接头、安全阀和压力表接头，放油口设在筒体底部。

制冷剂过热蒸气由筒体顶部的进气口进入冷凝器内的空间，与水平管的冷表面接触后即在其上凝结为液膜，由筒体下部的出液管流入贮液器中。正常运行时，筒体下部只存少量液体，但是对于小型制冷装置，为了简化系统，有时不单设贮液器，还让冷凝器的筒体底部兼有一定的贮液作用，此时下部少装几排管子即可。对于氨冷凝器，通常在筒体下部还焊有一个集污包，以便积存润滑油及机械杂质。

卧式壳管式氨冷凝器的传热管通常采用 25～38 mm 的无缝钢管，氟利昂冷凝器可用无缝钢管（25 mm 以上），也可用铜管。为了提高氟利昂一侧的凝结放热系数，经常应用滚压工艺将铜管的外表面压出肋片，肋片的形状很像螺纹，所以也称螺纹管。

卧式壳管式冷凝器普遍应用于中小型氨制冷系统和氟利昂制冷系统。它的优点如下。

（1）传热系数高，冷却水耗量小。

（2）安装方便，占空间高度小，有利于空间的立体利用。

（3）结构紧凑，运行可靠，操作管理简便。

其缺点是不易发现制冷剂的泄漏；对冷却水质要求高，水温要低；冷却水流动阻力比较大；清洗不方便且需要停止制冷机的运行。

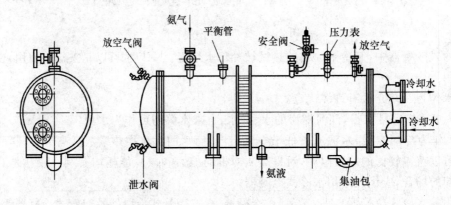

图 2-16　卧式壳管式冷凝器

2. 立式壳管式冷凝器

立式壳管式冷凝器直立安装，只适用于大、中型氨制冷装置。它的壳体是由钢板卷成圆柱形筒体后焊接而成，垂直安置，筒体的上下两端各焊一管板，两块管板之间贯穿相对应的管孔，焊接或胀接有许多根无缝钢管，形成一个垂直的管簇。管内为水路，冷却水由顶部通过配水箱均匀地分配到每根钢管内，每根钢管的顶端装有一个具有分水作用的导流管嘴，冷却水经导流管嘴上的斜槽以螺旋线状沿管内壁向下流动，这样既可保证所有传热管表面被水膜覆盖，充分吸收制冷剂放出的热量，提高冷却效率，又可使冷却水的流量相对减少。吸热后的冷却水汇集于冷凝器下面的水池中。氨蒸气从壳体高度的大约 2/3 处进入筒体内钢管之间的空间，与冷却水进行热交换后在传热管的外表面上呈膜状凝结，凝液沿垂直管壁向下流动至筒体的底部，由出液管导至高压贮液器。

与卧式冷凝器相似,立式冷凝器的外壳上也设有一些管接头,使之与系统中的其他设备连接起来:进气管接头与油分离器连接;出液管和均压管接头与高压贮液器连接;放油管接头与集油器连接;放空气管接头与放空气器连接。其他还有安全阀等接头,如图 2-17 所示。

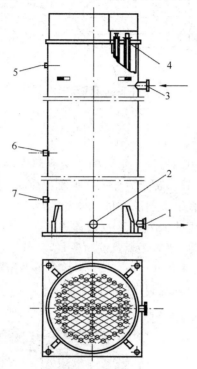

1—氨液出口;2—放油阀;3—氨气进口;4—安全阀

图 2-17 立式壳管式冷凝器

立式壳管式冷凝器在大中型制冷装置中被广泛采用,其优点主要如下。

(1) 可以安装在室外,节省机房面积;可装在冷却水塔的下面,简化冷却水系统。

(2) 清洗方便,且可以不中断制冷机的正常运行。

(3) 对冷却水的水质要求不高,可以适应各种不同的水源。

它的缺点是:换热系数较卧式冷凝器小,因立式冷凝器中的冷却水温升一般只有 2～4 ℃,对数平均温差一般在 5～6 ℃,故耗水量较大;体积大,比较笨重;易结水垢,露天安装时,灰沙易落入,需经常清洗;水泵耗功率高;制冷剂泄漏不易被发现,等到发现时损失已经很大。

3. 套管式冷凝器

套管式冷凝器多用于小型氟利昂制冷机组,例如柜式空调机、恒温恒湿机组等。其构造如图 2-18 所示。它的外管通常采用 50 mm 的无缝钢管,内管为一根或若干根紫铜管或低肋铜管。内外管套在一起后再整形成螺旋形、螺旋管形或长腰形等几种外形结构。

制冷剂的蒸气从上方进入内外管之间的空腔,在内管外表面上冷凝,液体在外管底部依次下流,从下端流入贮液器中。冷却水从冷凝器的下方进入,依次经过各排内管从上部流出,与制冷剂呈逆流方式,故换热效果好。

套管式冷凝器可以套放在压缩机的周围,节省了压缩冷凝机组的占地面积。其缺点是单位换热面积的金属消耗量大,而且当纵向管数较多时,下部的管子充有较多的液体,使传热面积不能充分利用。另外冷却水流动阻力大，清洗困难，并需大量连接弯头。因此，这种冷凝器在氨制冷装置中已很少应用。

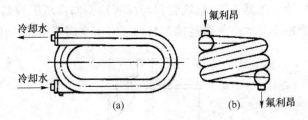

图 2-18　套管式冷凝器

2.3.3　蒸发器

蒸发器是制冷循环系统中的另一个重要的热交换部件，如图 2-19 所示，它的作用是利用液态制冷剂在低压下蒸发(沸腾)，转变为蒸气并吸收被冷却介质(水或空气)的热量，达到制冷的目的。因此蒸发器是制冷系统中制取冷量和输出冷量的设备。

当毛细管送出的低温低压的 R22 制冷剂液体进入蒸发器时，绝大部分是湿蒸气区，随着湿蒸气在蒸发器内流动与吸热，液体逐渐蒸发为蒸气，蒸气含量越来越多，当流至接近蒸发器出口时，一般已为干蒸气。在这个过程中，其蒸发温度几乎始终保持不变，干蒸气还会继续吸热。至始成为过热蒸气。从而实现制冷的目的。

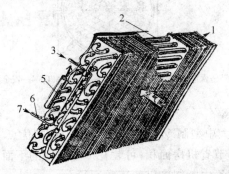

1—肋片；2—蒸发管；3—进液；4—出气；5—集液；6—毛细管；7—进液

图 2-19　蒸发器

冷却液体(水或其他液体载冷剂)的蒸发器主要有壳管式和沉没式。

1. 满液式壳管蒸发器

这种蒸发器常用于大型空调用制冷装置中，用来冷却水或盐水。其工作原理如图 2-20 所示。由于其传热效果较好，结构紧凑，占地面积小且易于安装等优点而被广泛采用，尤其是在空调用的冷水机组中最为适宜。

满液式蒸发器均为卧式。制冷剂液体在管外与壳体间蒸发吸热，而被冷却介质(水或盐水)在管内流动放热。

经过膨胀阀降压以后的低温低压液体，从筒体的下部进入，充满管外空间。由于存液量很大，故属满液式蒸发器。制冷剂气化形成的蒸气不断上升至液面，经过顶部的分液包分离掉蒸气中可能挟带的液滴，干蒸气被压缩机吸回。

水程和卧式壳管式冷凝器一样做成多程式，即在传热管簇内经端盖往返流动多次，与制冷剂进行充分的热交换。水的进出口一般也是做在同一侧的端盖上,下进上出。壳体上留有若干与制冷系统中其他设备连接的管接头。

氨用蒸发器的传热管一般为 25 mm×25 mm 或 32 mm×25 mm 的无缝钢管,氟利昂蒸发器一般多用紫铜或黄铜管,直径在 20 mm 以下的,为了增强传热效果,多采用低肋管。

总的来说,卧式壳管式蒸发器的传热系数要略低于卧式壳管式冷凝器。

满液式蒸发器中,由于制冷剂气化时会产生气泡,使液面比不工作时升高,为了避免压缩机吸回未蒸发完的液体,蒸发器应在筒内上部留有空间。对于氨制冷剂,充液高度应控制在不超过筒径的 70%～80%。用氟利昂制冷剂时,起泡现象更为严重,充液量应控制在 55%～65%。液面上裸露的传热管,在蒸发器投入运行后被制冷剂泡沫润湿,也能起到很好的换热作用。此外,当用来冷却淡水时,一般只能冷却到 4～5 ℃,以避免冻结的危险。

满液式壳管蒸发器从其结构和工作情况可以看出它有以下缺点。

(1) 制冷剂的充注量较大,成本高。

(2) 受静液柱的影响。当蒸发器的直径较大时,由于液体静压的影响而使得下部制冷剂的蒸发温度升高,无形中减小了传热温差。

(3) 回油较困难。对于氟利昂制冷剂,由于它们能和润滑油互相溶解而将油带入蒸发器,在蒸发器中氟利昂不断气化后被吸回,而润滑油则很难从蒸发器中返回,因此在长期运行后蒸发器中会积存较多的含油浓度很高的氟利昂——油溶液,影响蒸发器的传热性能,因此,对于氟利昂制冷系统,须考虑一定的回油措施。

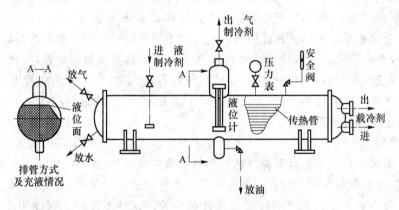

图 2-20　卧式满液式蒸发器结构

2. 干式氟利昂壳管蒸发器

干式氟利昂壳管蒸发器是用来冷却淡水的氟利昂壳管式蒸发器。在这种蒸发器中,制冷剂液体是在管内蒸发的,被冷却介质在管外流动。此时液态制冷剂的充注量很少,为管组内部容积的 35%～40%,而且制冷剂在气化过程中不存在自由液面,所以称为干式蒸发器。这里,氟利昂液体是从前端盖的下部分两路进入传热管簇,往返四个流程,蒸发产生的蒸气由同一端盖的上部引出。被冷却的水是在管外流动,由壳体上方的一端进入,从另一端流出。为了提高水流速度以强化传热,在蒸发器的壳体内横跨管簇装设多块折流板,如图 2-21 所示。

干式蒸发器克服了前述满液式蒸发器的缺点,主要的优点有以下几方面。

(1) 制冷剂的充注量很少,使用成本大为降低,且不需设贮液器,使机组的重量和体积大为缩小。

(2) 由于氟利昂蒸气在管内具有较大的流速,可将润滑油带回压缩机中。

（3）与满液式壳管蒸发器相比，干式蒸发器的传热系数也有所提高。

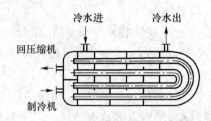

图 2-21　干式壳管蒸发器

3. 立管式冷水箱

冷水箱是大型空调制冷站中开式冷冻水系统常用的蒸发器，整体的管组沉浸于盛满载冷剂（水或盐水）的箱体（或池、槽）内。制冷剂在管内蒸发，载冷剂在搅拌器的推动下在箱内流动，以增强传热。应用这种蒸发器可以将水冷却到接近 0 ℃ 的温度；当用盐水作为载冷剂时，可冷却到 $-20 \sim -10$ ℃，适用于制冰或食品冷加工。

冷水箱中的蒸发器管组有立管式和螺旋管式两种。立管式蒸发器如图 2-22 所示，其列管以组为单位，按照不同的容量要求，蒸发器可由若干组列管组合而成。每一组列管各有上下两根直径较大的水平集管（一般为 121×4 的无缝钢管），上面的称为蒸气集管，下面的称为液体集管。沿集管的轴向焊接四排直径较小两头稍有弯曲的立管（一般为 57×3.5），与上下集管接通；另外顺集管的轴向每隔一定距离焊接一根直径稍大的立管（一般为 76×4）。上集管用于汇集制冷剂蒸气，经一端的气液分离器分离掉液体后送往压缩机。分离器通过下液管与下集管相通，将分离出来的液体重新送回蒸发立管。下集管的一端用一水平管与集油包相连。

液态制冷剂由进液管直插到立管的下部，经下集管迅速进入每根立管，并可利用液体流进时的冲力增强氨液在蒸发管中的循环。立管式蒸发器在工作过程中，细立管中的蒸发强度很大，产生的蒸气迅速脱离传热面，向上浮动进入上集管，没有蒸发完的液体从中间的粗立管下降，如此形成上下的循环对流。

这种蒸发器的传热性能良好，与卧式壳管式蒸发器相仿。由于水箱中水量大、热稳定性优于壳管式，因此采用开式冷冻水系统处理空气的空调装置，均优先采用水箱式蒸发器。

螺旋管式蒸发器是立管式的一种变形产品。此种蒸发器的总体结构和液体的流动情况与立管式相似，其不同之处只是以两排螺旋管代替立管。这种蒸发器也只能用于氨制冷系统。与立管式相比，螺旋管式主要优点如下。

（1）结构紧凑，若蒸发面积相同，螺旋管式的体积要小得多。

（2）上下集管上的焊口减少，减少了泄漏的可能，制造简单，维修也较方便。

（3）传热系数较立管式有所提高。

冷却空气的蒸发器，即空气自然对流时多采用盘管结构、空气强制对流时采用翅片式蒸发器结构。

1. 冷却排管

多用于冷库及各种试验用制冷装置中。其特点是制冷剂在冷却排管内流动并蒸发，管外作为传热介质的被冷却空气作自然对流。

冷却排管可以用光管、肋片管制成。按管组在室内的安装位置可分为墙排管、顶排管和搁架式排管三种。

按结构形式，冷却排管也可分为立管式、蛇管式两类。立管式只适用于氨系统，蛇管式对于氨及氟利昂系统都适用。

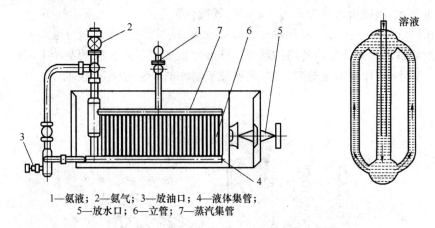

1—氨液；2—氨气；3—放油口；4—液体集管；
5—放水口；6—立管；7—蒸汽集管

图 2-22　立管式蒸发器

立管式墙排管通常用于冷藏库冻结物的冷藏间,靠墙布置,故称为墙排管。其结构如图 2-23(a)所示。

蛇管式排管通常是用 38×2.5 的无缝钢管弯制而成,如图 2-23(b)所示。可以是单排的也可以是双排的,每排由一根或两根光管或肋管组成。

蛇管式排管的适用范围较广。蛇管式顶排管重力供液或氨泵供液均可;单排和双排蛇管式墙排管可用于下进上出式的氨泵供液系统及重力供液系统,单根蛇管式排管还可用于氨泵上进下出供液系统和热力膨胀阀供液系统。氟利昂系统所采用的蛇管式排管通常为单排式。

搁架式排管多用于冷库的生产库房中。它是由许多组蛇形盘管组合而成,冷冻加工时将食品置于冻盘中,放在搁架上进行冻结。由于排管与食品近乎直接接触,所以其传热系数较高,适用于冻结鱼类、家禽等食品。

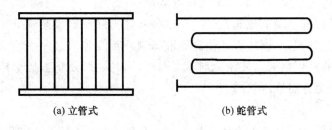

(a) 立管式　　　　　　　(b) 蛇管式

图 2-23　冷却排管结构形式

2. 翅片式蒸发器

在这种蒸发器中,管外空气是在风机的作用下受迫流动,与管内的制冷剂进行热交换,使空气冷却,从而达到降温的目的,如图 2-24 所示。

氨的冷风机蒸发器用 25～38 mm 的无缝钢管制成,管外绕以厚 1 mm 左右的钢肋片,肋距约为 10 mm,下供液,上回气。氟利昂蒸发器多用 10～18 mm 的铜管制成,管外肋片多为套片式。当蒸发器用于空调时,肋距为 2～4 mm;用于降温或低温时,其肋距应放大,一般为 4～6 mm,这是因为肋距太小时,凝结水流动不畅,或很快被积霜堵死,恶化了换热效果。目前一些房间空调蒸发器的基管也有用 9.52 mm 或 7.2 mm 的铜管,肋片多用厚 0.12 mm 或 0.15 mm 左右的铝片。

采用冷风机时,不用载冷剂,冷损失少,结构紧凑,易于实现自动化控制。冷风机蒸发器的换热系数也不大,当迎面风速为 $2\sim3$ m/s 时,其换热系数为 $29\sim35$ W·$(m^2 \cdot K)^{-1}$。

冷风机的蒸发器一般由许多并联的蛇形管组成,在供液前,应加装分液器和毛细管,保证液态制冷剂能够均匀地分配给各路蛇形管。分液器保证了流入各路的制冷剂蒸气含量相同。毛细管内径很小,有较大的流动阻力,从而保证了制冷剂分配时流量相同。

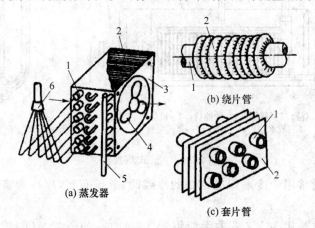

1—传热管;2—肋片;3—挡板;4—通风机;5—集气管;6—分液器

图 2-24 空气强制对流的蒸发器及其肋片管形式

2.3.4 节流机构

节流机构是实现制冷循环系统必需的四个基本组成部件之一,安装在冷凝器与蒸发器之间。节流机构的作用主要是:①对从冷凝器中出来的高压液体制冷剂进行节流降压;②根据系统负荷变化,调整进入蒸发器的制冷剂液体的数量。

常用的节流机构有手动节流阀、浮球式节流阀、热力膨胀阀及阻流式膨胀阀(毛细管)、热电式膨胀阀等。它们的基本原理都是使高压液态制冷剂受迫流过一个小过流截面,产生合适的局部阻力损失(或沿程损失),使制冷剂压力骤降,同时一部分液态制冷剂气化,吸收潜热,使节流后的制冷剂成为低温低压状态。

1. 毛细管

毛细管是制冷循环系统中的节流降压部件。在电冰箱、家用空调器等小型制冷设备中,常用毛细管作为节流装置,它主要是靠管径和长度的大小来控制液体制冷剂的流量,以使蒸发器能在适当的状况下工作,如图 2-25 所示。这种节流作用,一方面使得冷凝器内保持一个的高压,以保证气态制冷剂在定温下冷凝液化,另一方面使得蒸发器内维持一定的低压,有助于液态的 R22 制冷剂在蒸发内吸热沸腾,进行气化。

目前使用的毛细管为内径 $0.6\sim2.5$ mm 的铜管,管长则根据制冷系统的需要而定,一般长度在 $0.5\sim2.0$ m。

毛细管作为节流装置的优点是无运动部件,不会磨损,不易泄漏,制造容易,价格便宜,安装简单。缺点是流量小,不能随时随意进行人为调整。因此仅适用于运行工况比较稳定的制冷系统。另外,必须根据设计要求严格控制制冷剂的充加量。

由于毛细管内径小,管路长,极易被污垢堵塞,因此,制冷系统内必须保持清洁、干燥,一般在毛细管入口部分装设 $31\sim46$ 目·$(cm^2)^{-1}$ 的过滤器(网)。

当几根毛细管并联使用时,为使流量均匀,最好使用分液器。分液器要垂直向上安装。

图 2-25　毛细管

2. 手动膨胀阀

手动膨胀阀和普通的截止阀在结构上的不同之处主要是阀芯的结构与阀杆的螺纹形式。普通截止阀的阀芯为一平头,阀杆为普通螺纹,所以它只能控制管路的通断和粗略地调节流量,难以调整在一个适当的过流截面积上以产生恰当的节流作用。如图 2-26 所示,节流阀的阀芯为针形锥体或带缺口的锥体,阀杆为细牙螺纹,所以当转动手轮时,过流截面积可以较准确、方便地调整。

手动膨胀阀开启度的大小是根据蒸发器负荷的变化而调节的,通常开启度为手轮的 1/8 至 1/4 周,不能超过一周。否则,开启度过大,会失去膨胀作用。因此它不能随蒸发器热负荷的变动自动适应调节,几乎全凭经验结合系统中的反应进行手工操作。目前它只装设于氨制冷装置中。

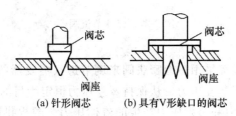

图 2-26　手动节流阀的阀芯

3. 浮球节流阀

浮球节流阀又称浮球调节阀,是一种自动调节的节流阀。利用一钢制浮球为启闭阀门的动力,靠浮球随液面高低在浮球室中升降,控制一小阀门开启度的大小变化而自动调节供液量,同时起节流作用。

当容器内液面降低时,浮球下降,节流孔自行开大,供液量增加;反之,当容器内液面上升时,浮球上升,节流孔自行关小,供液量减少。待液面升至规定高度时,节流孔被关闭,保证容器不会发生超液或缺液的现象。

浮球节流阀是用于具有自由液面的蒸发器、液体分离器和中间冷却器供液量的自动调节。在氨制冷系统中广泛应用一种低压浮球阀。按液体在其中流通的方式,分直通式和非直通式两种,如图 2-27 所示。

直通式的特点是进入容器的全部液体制冷剂首先通过阀孔进入浮球室,然后再进入容器。结构和安装简单,但由于液体的冲击作用引起浮球室的液面波动大,调节阀的工作不太稳定,而且液体从壳体流入蒸发器,是依靠静液柱的高度差,因此液体只能供到容器的液面以下。

非直通式的特点是阀座装在浮球室外,经节流后的制冷剂不需要通过浮球室而沿管道直接进入容器。因此浮球室液面较平稳,而且可以供液到蒸发器的任何部位,但结构与安装均较复杂。

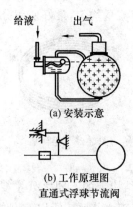

(a) 安装示意

(b) 工作原理图

直通式浮球节流阀

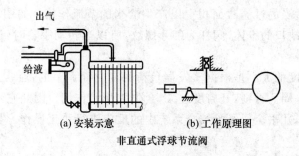

(a) 安装示意　　　　　　(b) 工作原理图

非直通式浮球节流阀

图 2-27　浮球节流阀

4. 热力膨胀阀

氟利昂制冷装置中一般都采用热力膨胀阀来调节进入蒸发器的液态制冷剂的流量,并将液体由冷凝压力节流降压到蒸发压力。从保持蒸发压力恒定为目的,自动调节蒸发器供液量。其结构原理是:由设定弹簧力和蒸发压力产生的流体压力之差提供阀打开方向的驱动力。当蒸发压力降低时,阀开大,供液量增多,以补偿蒸发压力的下降;当蒸发压力升高时,阀关小,供液量减少,抑制蒸发压力上升。

热力膨胀阀按感应机构动力室中传力零件的结构不同,可分为薄膜式和波纹管式两种;按使用条件不同,可分为内平衡式和外平衡式两种。

(1) 内平衡式热力膨胀阀

内平衡式热力膨胀阀的外形如图 2-28 所示。其结构一般都由阀体、阀座、阀针、调节杆座、调节杆、弹簧、过滤器、传动杆、感温包、毛细管、气箱盖和感应薄膜等组成。

感温包里灌注氟利昂或其他低沸点的液体,把它紧固在蒸发器出口的回气管上,用以感受回气的温度变化;毛细管是用直径很小的铜管制成,其作用是将感温包内由于温度的变化而造成的压力变化传递到动力室的波纹薄膜上去。波纹薄膜是由很薄的(0.1～0.2mm)合金片冲压而成,断面呈波浪形,有 2～3 mm 的位移变形。

波纹薄膜由于动力室中压力变化而产生的位移通过其下方的传动杆传递到阀针上,使阀针随着传动杆的上下移动而一起移动,以控制阀孔的开启度。调节杆在系统调试运转中,用以调整弹簧的压紧程度来调整膨胀阀的开启过热度,系统正常工作后不可随意调节且应拧上调节杆座上的帽罩,以防止制冷剂从填料处泄漏。过滤网安装在膨胀阀的进液端,防止阀孔堵塞。

图 2-28　内平衡式热力膨胀阀

由图 2-29 可知,金属波纹薄膜受三种力的作用:在膜片的上方,感温包中液体(与其感受到的温度相对应的)的饱和压力 P 对膜片产生的向下推力 P;在膜片的下方,受阀座后面与蒸发器相通的低压液体对膜片产生一个向上的推力 P_0(制冷剂的蒸发压力);弹簧的张力 W。此外,还有活动零件之间的摩擦力等因素构成的作用力,因为其值甚小,在分析时可以忽略不计。

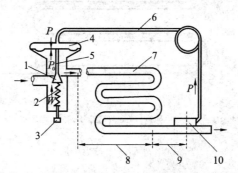

1—阀芯;　2—弹簧;　3—调节螺母;　4—波纹薄膜;　5—传动杆;
6—毛细管;　7—蒸发器;　8—蒸发温度;　9—回气过热度;　10—感温包

图 2-29　内平衡式热力膨胀阀的工作原理

由以上分析可知,当三力处于平衡状态,即满足 $P = P_0 + W$ 时,膜片不动,则阀口处于一定的开启度。而当其中任何一个力发生变化时,就会破坏原有的平衡,则阀口的开启度也就随之发生变化,直到建立新的平衡为止。

当外界情况改变,如由于供液不足或热负荷增大,引起蒸发器的回气过热度增大时,则感温包感受到的温度也升高,饱和压力 P 也就增大,因此形成 $P > P_0 + W$,这样就会导致膜片下移,使阀口开启度增大,制冷剂的流量也增大,直至供液量与蒸发量相等时达到另一平衡。反之,若由于供液过多或热负荷减少,引起蒸发器的回气过热度减小,感温包感受到的温度也降低,则饱和压力 P 也就减小,因此形成 $P < P_0 + W$,这样就会导致膜片上移,阀口开启度减小,制冷剂的供液量也就减少,直至与蒸发器的热负荷相匹配为此。如此,利用与回气过热度相关的饱和压力 P 的变化来调节阀口的开启度,从而控制制冷剂的流量,实现自动调节。

另外,调节不同的弹簧张力 W,便能获得使阀口开启的不同过热度。一般希望蒸发器的过热度维持在 3～5 ℃的范围内。

（2）外平衡式热力膨胀阀

当蒸发盘管较细或相对较长，或者多根盘管共用一个热力膨胀阀，通过分液器并联时，因制冷剂流动阻力较大，若仍使用内平衡式热力膨胀阀，将导致蒸发器出口制冷剂的过热度很大，蒸发器传热面积不能有效利用。

与内平衡热力膨胀阀在结构上略有不同，其感应薄膜下部空间与膨胀阀出口互不相通，而是通过一根小口径的平衡管与蒸发器出口相连，如图 2-30 所示。即外平衡热力膨胀阀膜片下部的制冷剂压力不是阀门节流后的蒸发压力，而是蒸发器出口处的制冷剂压力。这样可以避免蒸发器阻力损失较大时的影响，把过热度控制在一定的范围内，使蒸发器传热面积充分利用。

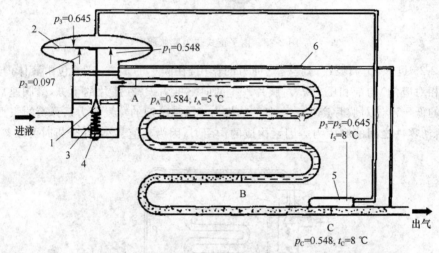

1—阀芯；2—弹性金属膜片；3—弹簧；4—调整螺丝；5—感温包；6—平衡管

图 2-30　外平衡式热力膨胀阀

内、外平衡式热力膨胀阀工作原理相同，只是适用的条件不同。在实际应用中，蒸发器压力损失较小时，一般使用内平衡式热力膨胀阀，而压力损失较大时（当膨胀阀出口至蒸发器出口制冷剂的压力降相应的蒸发温度降低超过 2～3 ℃时），应采用外平衡式热力膨胀阀。

（3）热力膨胀阀的安装

热力膨胀阀的安装位置应靠近蒸发器。阀体应垂直放置，不可倾斜，更不可颠倒安装。由于热力膨胀阀依靠感温包感受到的温度进行工作，且温度传感系统的灵敏度比较低，传递信号的时间滞后较大，易造成膨胀阀频繁启闭和供液量变动，因此，感温包的安装非常重要。

正确的安装方法旨在改善感温包与吸气管中制冷剂的传热效果，以减小时间滞后，提高热力膨胀阀的工作稳定性。

通常将感温包缠在吸气管上，感温包紧贴管壁，包扎紧密。接触处应将氧化皮清除干净，必要时可涂一层防锈层。当吸气管外径小于 22 mm 时，管周围温度的影响可以忽略，安装位置可以任意。一般包扎在吸气管上部。当吸气管外径大于 22 mm 时，感温包安装处若有液态制冷剂或润滑油流动，水平管上、下侧温差可能较大。因此将感温包安装在吸气管水平轴线以下 45°之间（一般为 30°），如图 2-31 所示。为了防止感温包受到外界温度影响，在扎好后，务必用不吸水绝热材料缠包。

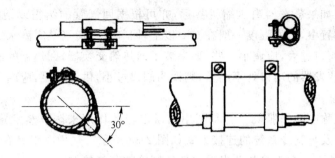

图 2-31 感温包的安装方法

　　感温包安装在蒸发器出口、压缩机吸气管上,远离压缩机吸气口 1.5 m 以上,并尽可能装在水平管段部分。但必须注意不得置于有积液之处。为了防止因水平管积液、膨胀阀操作错误,蒸发器出口处吸气管需要抬高时,抬高处应设存液弯,否则,只得将感温包安装在立管上,如图 2-32 所示。

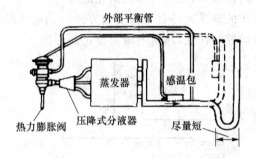

图 2-32 感温包的安装位置

　　当采用外平衡式热力膨胀阀时,外平衡管一般连接在蒸发器出口、感温包后的压缩机吸气管上,连接口应位于吸气管顶部,以防止被润滑油堵塞。当然,为了抑制制冷系统运行的波动,也可将外平衡管连接在蒸发管压力降较大的部位。

　　安装时,应注意的事项如下。

　　① 首先应检查膨胀阀是否完好,特别注意检查感温动力机构是否泄漏。

　　② 膨胀阀应正立式安装,不允许倒置。

　　③ 感温包安装在蒸发器的出气管上,紧贴包缠在水平无积液的管段上,外加隔热材料缠包,或插入吸气管上的感温套内。

　　④ 当水平回气管直径小于 25 mm 时,感温包可扎在回气管顶部;当水平回气管直径大于 25 mm 时,感温包可扎在回气管下侧 45°处,以防管子底部积油等因素影响感温包正确感温。

　　⑤ 外平衡膨胀阀的平衡管一般都安装在感温包后面 100 mm 处的回气管上,并应从管顶部引出,以防润滑油进入阀内。

　　⑥ 一个系统中有多个膨胀阀时,外平衡管应接到各自蒸发器的出口。

　　(4) 热力膨胀阀的调整

　　热力膨胀阀安装完毕后需要在调试时予以调整,使它能在规定的工况条件下执行自动调节。所谓调整,就是调整热力膨胀阀弹簧的压紧程度。拧下底部的帽罩,用扳手顺旋调节杆,使弹簧压紧而关小阀门,蒸发压力会下降。反旋调节杆,则蒸发压力上升。

　　调整热力膨胀阀时,最好在压缩机的吸气截止阀处装一只压力表,通过观察压力表来判定调节量是否恰当。如果蒸发器离压缩机甚远,亦可根据回气管的结霜或结露情况进行判别。在空调用的制冷装置中,蒸发温度一般在 0 ℃ 以上,回气管处应当结露滴水。但若结露直至压缩机邻近,则说明阀口过大,应调小一些,如果装了回热热交换器,回热器的回气管出口处不应结露。相反,如果蒸发器的出口处不结露,则说明阀口过小,供液不足,应调大一些。

5. 热电膨胀阀

热电膨胀阀也称电动膨胀阀。它是利用热敏电阻的作用来调节蒸发器供液量的节流装置。其基本结构以及与制冷系统的连接方式如图 2-33 所示。热敏电阻具有负温度系数特性,即温度升高,电阻减小。它直接与蒸发器出口的制冷剂蒸气接触。在电路中,热敏电阻与膨胀阀膜片上的加热器串联,电热器的电流随热敏电阻值的大小而变化。当蒸发器出口制冷剂蒸气的过热度增加时,热敏电阻温度升高,电阻值降低,电加热器的电流增加,膜室内充注的液体被加热而温度增加,压力升高,推动膜片和阀杆下移,使阀孔开启或开大。当蒸发器负荷减小,蒸发器出口蒸气的过热度减小或变成湿蒸气时,热敏电阻被冷却,阀孔就关小或关闭。这样热电膨胀阀可以控制蒸发器的供液量,使其与热负荷相适应。

不同用途的热电膨胀阀的感受元件有多种安装方式。热电膨胀阀具有结构简单,反应速度快的优点。为保证良好的控制性能,热敏电阻需要定期更换。

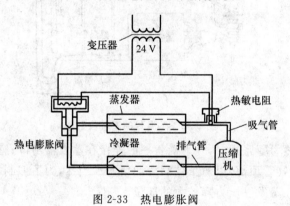

图 2-33　热电膨胀阀

2.4　制冷系统的辅助设备

在蒸气压缩式制冷系统中,除必要的四大部件之外,常常有一些辅助设备,如过滤器、贮液器、电磁阀、分配器、油分离器、空气分离器、干燥器、集热器、易熔塞、压力控制器等部件组成,以实现制冷剂的储存、分离和净化,润滑油的分离与收集,安全保护等,以改善制冷系统的工作条件,保证正常运转,提高运行的经济性。

1. 气液分离器

气液分离器是分离来自蒸发器出口的低压蒸气中液滴,防止制冷压缩机发生湿压缩甚至液击现象。气液分离器有管道型和筒体型两种。筒体型气液分离器如图 2-34 所示。来自蒸发器的含液气态制冷剂从上进入,依靠气流速度的降低和方向的改变,将低压气态制冷剂携带的液滴或油滴分离。然后通过弯管底部具有油孔的吸气管,将稍具过热度的低压气态制冷剂及润滑油吸入压缩机。吸气管上部的小孔为平衡孔,防止在压缩机停机时分离器内的润滑油从油孔被压回压缩机。对于热泵式空调器,为了保证在融霜过程中压缩机的可靠运行,气液分离器是不可缺少的部件。

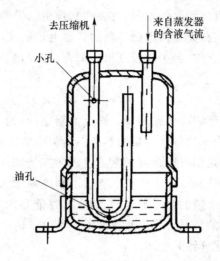

图 2-34　筒体型气液分离器

2. 干燥过滤器

如果制冷系统干燥不充分或充注的制冷剂和润滑油含有水分,或由于检修制冷系统时空气侵入,系统中就会存在水分。

水在氟利昂中的溶解度与温度有关。温度下降,水的溶解度减少。当含有水分的氟利昂通过节流机构膨胀节流时,温度急剧下降,其溶解度相对降低,于是一部分水分被分离出来停留在节流孔周围。如节流后温度低于 0 ℃,则会结冰而出现冰堵现象。同时,水长期溶解于氟利昂中会分解而腐蚀金属,还会使润滑油乳化,因此需利用干燥器吸附氟利昂中的水分。过滤器是用来清除制冷剂蒸气和液体中的机械性杂质,如金属屑、焊渣、砂粒等这些杂质大都是由于系统安装后排污不尽所遗留下来的,倘若不清除会使设备受到损伤。

在实际的氟利昂系统中常常将过滤器和干燥器合在一起,组成干燥过滤器,如图 2-35 所示。

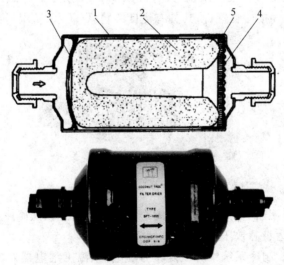

1—筒体;2—过滤芯;3—弹性膜片;4—波形多孔板;5—聚酯垫

图 2-35　干燥过滤器

过滤芯设置在筒体内部,由弹性膜片、聚酯垫和波形多孔板挤压固定,过滤芯由硅胶、活性氧化铝和分子筛烧结而成,可以有效地除去水分、有害酸和杂质。干燥过滤器应装在氟利昂制冷系统节流机构前的液管上,或装在充注液态制冷剂的管道上。通常,液体管道干燥过滤器是不可拆卸的。干燥过滤器出现堵塞时,会引起吸气压力降低,在过滤器两端会出现温差,如出现这种情况,需要更换过滤器。

3. 视液镜

视液镜在制冷系统中处于制冷电磁阀和干燥过滤器之间,通过它能观测到制冷的流动状态,根据气泡的多少可以作为制冷剂注入量的参考。当制冷系统中循环量充足时,在玻璃视镜中应看不到气泡。循环量不足则可以看到气泡流过,这时系统需要补充制冷剂。

如图 2-36 所示,在视镜的中心部分有一个能显示制冷剂含水量的纸质圆芯,在圆芯上涂有金属盐指示剂。遇不同含水量的制冷剂时,它的水化物能显示不同的颜色。通过纸芯显示的颜色来反映制冷剂含水分的情况。如果制冷剂是干燥的则显示绿色,否则它变黄,要得到精确的显示,必须将设备运行几分钟后观测。

图 2-36　视液镜

4. 液体管路电磁阀

直动式电磁阀动作迅速,对电信号响应极快,在真空、负压或零压时都能正常工作,广泛应用于制冷、气动、供水、蒸气和液压系统,其外观如图 2-37 所示。电磁阀采用了全塑封电磁线圈和 DIN 国际标准电气接插装置,使其具有优良的绝缘、防水、防湿、抗震及耐腐蚀性能。

图 2-37　管路电磁阀

工作原理为:当线圈通电时,电磁阀线圈产生电磁力将芯铁从阀座上提起,阀门打开;断电时,电磁力消失,弹簧力将芯铁压在阀座上,阀门关闭。

液体管路电磁阀在制冷系统中可以受压力继电器、温度继电器发出的脉冲信号形成自动控制。在压缩机停机时,由于惯性作用以及氟利昂的热力性质,使氟利昂大量进入蒸发器,在压缩机再次启动时,湿蒸气进入压缩机吸入口引起湿冲程,不易启动,严重的时候甚至将阀片击破。液体管路电磁阀的设置,使这种情况得以避免。

空调机系统中压缩机的启动,也依赖于电磁阀,静止时电磁阀将高低压分为两个部分,低压部分的较低压力低于低压压力控制器的开启值。所以压缩机处于停止状态。当压缩机需要启动时,通过电脑输出信号接通电磁阀,当阀开启时,高压压力迅速向低压释放,当低压压力达到低压控制器开启值时,压缩机才能启动。

5.分液器

分液器组件在蒸发器中承担着对制冷剂均匀分配的重要任务,如果分配不均,会使一些分路制冷剂过多,使蒸发器结霜,结果蒸发不完全,带液流出蒸发器,有些制冷剂过少,不能充分利用蒸发器传热面积,总体表现是,制冷能力下降,可能造成吸气带液,严重影响制冷系统性能及可靠性。所以分液器组件是制冷系统中一个重要的组成部分。

分液器组件主要是由分配头和分配管两部分组成,分液头主要分为如下四种结构。

(1)文丘里型。如图 2-38 所示,气液混合的制冷剂从进口进入后,先轻微收缩,速度增加,压力减小,到达最窄处时达到最达最大值,之后减速扩压,像喷嘴一样,制冷剂喷入分配管内,因为压力较大,制冷剂流速也较快,所以比较均匀。

因为形状比较平滑,不会造成紊流,所以压力损失小,在气体稍多时分配可能会不太均匀,而且结构是一体化,无安装配件,所以每一个型号只对应一个流量,缺乏灵活性,而且内部线型的加工难度也比较大,成本较高。

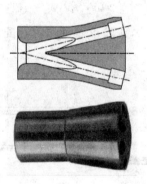

图 2-38　文丘里型分液头

(2)压降型。如图 2-39 所示,分液器内部有一个节流孔,制冷剂流过时产生压力降,使流速增大,引起紊流,使制冷剂气液充分混合后速流向各分配管,从而保证各分配管分液比较均匀。

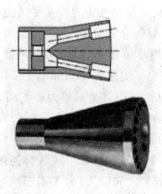

图 2-39　压降型分液头

因为是通过节流来提高流速,所以压力损失比较大,但因为造成紊流,气液混合均匀,分配也比较均匀,而且因为结构是由弹簧挡圈,节流孔板和壳体组成,所以可以只调节流孔板就可调节流量,使用调节方便,而且这种分体结构加工也简单。

(3)离心型。如图 2-40 所示,离心式分液器主要是通过使制冷剂产生离心运动使气液混合物充分混合,从而使制冷剂均匀流到每一根分配管内。

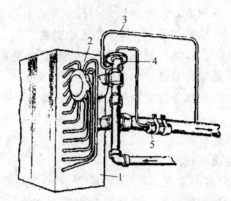

1—蒸发器;2—离心式分液器;3—外平衡管;4—热力膨胀阀;5—感温包

图 2-40　离心式分液器

(4)分配管型。如图 2-41 所示,比较难做到均匀分配,但用在气体制冷剂的分配上还是比较经济的做法。

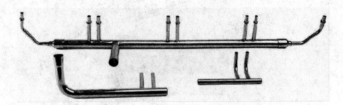

图 2-41　分配管型分液头

分液器组件的安装及使用要点如下。

(1)分液器每一分路的压降尽量相同,这里每一分路是指从分液器出口到分液管,再到蒸发器,直到蒸发器出口(或到完全蒸发为气体的部分,也就是过热部分),这包括蒸发器里每一分路的负荷也要一样,如流过迎风面和背风面的长度尽可能相近,不然蒸发快慢也会影响压力的变化,如果不一样,会影响分液器的分液效果。

(2)分液器与膨胀阀之间距离尽可能短,如果可能可能直接把分液器焊在热力膨胀阀的出口,如果不能在一起,那么距离也不能超过 610 mm。

(3)分液器不管是什么形式的,压降都会对热力膨胀阀产生较大的影响,在选型时要考虑进去,而且必须使用外平衡式的热力膨胀阀。

(4)为了避免重力的影响,分液器尽量让垂直安装。

(5)对于使用分液器多路供液的蒸发器采用热气旁通能量调节时,热气最好不要在蒸发器中部引入,通常在膨胀阀和分液器之间引入,为了不影响分液器的分液效果,要使用一个专门的气液混合接头将热气和液体混合后,再进入分液器,而且最好是立即进入,中间不再接任何连接管,以免气液分层过于严重而影响分液效果。

6. 高低压力控制器

制冷系统中的高低压力控制器是起保护作用的装置。

高压保护是上限保护。当高压压力达到设定值时,高压控制器断开,使压缩机接触器线圈释放,压缩机停止工作,避免在超高高压下运行损坏零件。高压保护是手动复位。当压缩机要再次启动时,需先按下复位按钮。在重新启动压缩机前,应先检查造成高压过高的原因,故障排除后才能使机器正常运转。

低压保护是为了避免制冷系统在过低压力下运行而设置的保护装置。它的设定分为高限和低限。控制原理是:低压断开值就是上限和下限的压差值,重新开机值是上限值。低压控制器是自动复位,要求工作人员经常观察机器的运行情况,出现报警时要及时处理,避免压缩机长时间频繁启停而影响寿命。

2.5　风路系统

1. 送风机及驱动电机

机房专用空调机组均自带一套送风系统。机组内的各项功能(制冷、除湿、加热、加湿等)对机房内空气进行处理时,均需要空气流动来完成热、湿的交换,机房内气体还需保持一定流速,防止尘埃沉积,并及时将悬浮于空气中的尘埃滤除掉。因此,送风机必不可少。一般机房专用空调采用前径向曲线叶轮离心式风机,如图 2-42 所示,优点是较小的体积可以产生较大的风量。送风机主要有两种驱动方式:一种是采用风机由电机直接驱动,风机与电机在同一轮上,此种风机体积较小,但如要改变风压,只能改变风机的电机转速,调节风压、风量的能力小;另一种是风机与电机之间采用皮带传动,它的优点是风压和风量可通过改变电机与风机主、从动皮带轮轮径比来进行调整,缺点是体积较大,长期运行时传动皮带会有磨损,需注意及时调整松紧度。

离心式风机

驱动电机

图 2-42　前径向曲线叶轮离心式风机

2001 年前后,有些机房专用空调厂家采用了后径向曲线叶轮风机,如图 2-43 所示。此种送风机在较大型的送风系统中有广泛的应用,优点是效率高,噪声低;缺点是受大尺寸叶轮影响,风机的体积大,会占用过多的机组内空间,提高转速并不能显著提高风机的风量,此种风机增大风量、风压的最好方法是增大叶轮或增加风机数量,这将使得压缩机部分放置空间减小,甚至要减少蒸发器放置空间;同时增加了制造成本。风机电机至于叶轮中间,一旦电机出现故障需更换整个风机,维修成本高。

图 2-43　后径向曲线叶轮风机

2. 空气过滤器

为保证机房内的洁净度,机房专用空调单位冷量所配备的风量远大于普通舒适性空调,以保证机房内的空气在整体流动,使得尘埃颗粒随空气一同流动,不会下降到机房的设备内,通常在机房专用空调的回气端设置专用的中高效空气过滤器。

3. 气流传感器

当风机电机或传动系统出现故障时,气流突然减少时,或空气过滤器过脏,阻塞气流通过时,气流传感器会给控制器一个气流故障的信号,同时切断风机电源,控制器也会停止本系统的其他所有功能系统的工作。

2.6　制冷剂

制冷剂是制冷装置中进行制冷循环的工作物质,其工作原理是制冷剂在蒸发器内吸收被冷却物质的热量而蒸发,在冷凝器中将所吸收的热量传给周围的空气或者水,而被冷却为液体,往复循环,借助于状态的变化来达到制冷的作用。

空调采用的制冷剂一般要满足以下要求。

不燃烧、不爆炸、对人体无害。气化潜热要大,以减少系统中的制冷剂循环量。临界温度要高,在常温下应能液化。冷凝压力不宜过高,否则对机器和冷凝器的强度要求高;蒸发压力最好不低于大气压力,否则空气有可能向系统内泄漏。化学稳定性要好,不与金属化合,不与润滑油起化学反应,一般高温下不易分解。导热系数要大,以提高换热器的传热系数,减小传热面积,节省冷凝器及蒸发器的金属消耗量。黏度要小,以减少流动阻力。液体比热要小,以减少节流损失。循环的热力完善度尽可能大。价格便宜,容易获得。

对于不同的使用场合,对制冷剂要求的侧重点也不同。目前空调制冷比较常用的制冷剂有:

R11,分子式 $CFCL_3$,分子量 137.39,大气压下沸点＋23.7 ℃。

R12,分子式 CF_2CL_2,分子量 120.92,大气压下沸点－29.8 ℃。

R22,分子式 CHF_2CL,分子量 86.84,大气压下沸点－40.8 ℃。

还有 R113、R114 等。

机房专用空调主要采用 R22 作为制冷剂,它的特点是分子量小气化潜能大(达到 55.81 卡/克),单位容积制冷量比 R12 约大 62%。R22 属中温制冷剂,它无色、无味、不燃烧、不爆炸,传热性及流动性好。R22 不溶于水,当 R22 中含有水分而蒸发温度低于 0 ℃时,会在节流装置中产生冰堵。另外系统中的水分还会与 R22 发生水解反应,产生酸性物质,不但会腐蚀金属材料,而且还会降低电绝缘性能,因此系统中不允许有水存在(含水量应小于 0.002 5%),并且要求装设干燥过滤器。

R22 能够部分地与润滑油相互溶解,其溶解度随着润滑油种类及温度而变。R22 一般对金属不腐蚀,对天然橡胶和塑料有膨润作用。R22 制冷系统使用的密封材料应该用耐腐蚀的丁晴橡胶或氯醇橡胶,全封闭压缩机中的电机绕组导线要用耐氟绝缘漆,电机采用 B 级或 E 级绝缘。R22 很容易通过机器不严密的结合面,铸件中的小孔及螺纹接合处泄漏,所以铸件要求质量高,对机器的密封要求较严。

近年来,越来越多的研究证明,大量地、无节制地生产和使用氯氟碳化合物(CFC),是造成臭氧层破坏的主要原因。臭氧层的减薄或消失就不能有效地吸收太阳辐射到地球表面的紫外线;到达地表面的紫外线的增加,将导致人类皮肤癌、白内障等疾病的发病率增加,并抑制人体免疫系统功能、破坏生态平衡、农作物减产、加速全球变暖等危害。联合国于 1985 年通过了《保护臭氧层的维也纳公约》,1987 年又通过了《关于消耗臭氧层物质的蒙特利尔议定书》,1990 年在伦敦举行了《蒙特利尔议定书》缔约国第二次会议,通过了议定书的修正案,将控制物质从 2 类 8 种扩大到 7 类上百种,到 2000 年之前,发达国家要完全禁用 CFC。破坏力最强的几种 CFC,包括 R11、R12、R113、R114 已全面禁止。R22 因其消耗臭氧潜能值(ODP)较低仅为 0.05(R11 为 0.1),近期在我国还可继续使用。要选择替代物质,除要求对环境安全外,还必须满足物理、化学及热力学性质的要求,且要具有实际的可行性,使原装置不作根本性改动。采用新制冷剂即能达到或接近原制冷循环的制冷效果,目前可替代 R22 的制冷剂有 R134a,R407c。

第 3 章　精密机房空调水系统

随着数据中心的发展,数据中心的功率密度越来越高。现在新建数据中心的机柜功率一般可达到 6 kVA 甚至数十千瓦。数据中心单位面积的冷负荷是一般商用建筑的 15 倍以上,因此为数据中心选择一个可靠、节能的制冷方式显得尤为重要。因为建筑围护结构传热在数据中心的总冷负荷中所占的份额不到 2%,因此可以认为数据中心的冷负荷在一年四季中是基本稳定不变的。

国内数据中心比较常见的空调方式主要为风冷精密空调系统。在能源日趋紧张、环境日益恶化的今天,在可能的情况下,尽量使用水冷方式空调系统是专家的建议。

现代通信枢纽楼越来越多地采用高层设计,在高层建筑中,传统的风冷机房空调外机布置较困难,这使得高层通信枢纽楼只能采用水冷的机房空调或者是冷冻水型的机房空调,同时现代通信枢纽楼机房设备发热量大,要求空调系统连续运行。这种情况下,水系统是无法中断的,必须在运行中进行检修和维护,这就对空调水系统的运行和维护提出了非常苛刻的要求。

3.1　水系统形式

1. 冷却水方式

冷凝器的作用是冷却从压缩机出来的高温制冷剂。冷却它的方式通常有两种,一种是风冷式,一种是水冷式。所谓的水冷式冷凝器,如图 3-1 所示,就是用一个壳管式的换热器,制冷剂走在壳层(铜管外侧),铜管内部走水,利用冷却水来带走制冷剂的热量。冷却水带着壳管式冷凝器的热量,这些热量通过冷却塔散热后降温,重新回到系统中继续冷却。

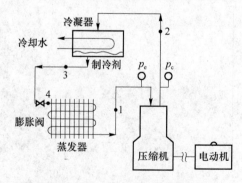

图 3-1　空调冷凝器的作用

这种方式一般应用在风冷空调无法布置的场合,每层机房恒温恒湿空调机组的冷凝器(相当于室外机)集中放置,与室内机采用铜管连接,减少了楼层冷却水管施工量,避免在机房内布设水管。

典型机房精密空调水冷系统如图 3-2 所示。

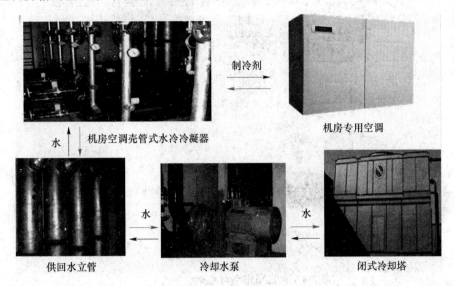

图 3-2　机房精密空调冷却水系统示意图

2. 冷冻水方式

如图 3-3 所示,以水作为冷却介质,把数据中心服务器产生的热量通过冷冻水泵循环带走,通过主机制冷方式,把热量交换到冷却水侧,最后由冷却塔散热把这些热量带走。从数据中心空调的使用情况来看,选择大容量、高能效比的离心式冷水主机,并配合冷却塔等自然冷却手段,规模节能效应显著,这使得在设计和考虑大型数据中心的空调时,优先选用冷冻水空调系统。现代的数据中心规模越来越大,基本采用这种方式,如图 3-4 所示。

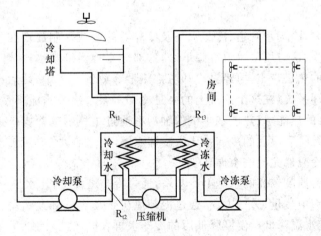

图 3-3　冷冻水系统原理图

（1）制冷主机

主机部分由压缩机、蒸发器、冷凝器及冷媒等组成,其工作循环过程如下:低压气态冷媒被压缩机加压进入冷凝器并逐渐冷凝成高压液体,在冷凝过程中冷媒会释放出大量热能,这部分热能被冷凝器中的冷却水吸收并送到室外的冷却塔上,最终释放到大气中去。制冷剂在蒸发器中迅速冷冻循环水,冷冻循环水的温度快速降低,通过制冷主机冷冻的冷冻水由冷冻水泵送入空调房间。

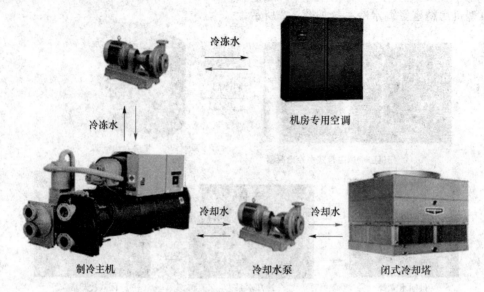

图 3-4　机房精密空调冷冻水系统示意图

（2）冷冻水循环系统

该部分由冷冻泵、冷冻水型机房空调及冷冻水管道等组成。冷冻水带走制冷剂的冷量后，再到空调系统末端(如风机盘管,空调机组)与空气换热,温度升高后再回到冷水机组内带走制冷剂冷量,这样构成冷冻水循环系统,在这个系统上的泵称为冷冻水泵。从主机蒸发器流出的低温冷冻水由冷冻泵加压送入冷冻水管道,进入冷冻水型机房空调进行热交换,带走机房内的热量,最后回到主机蒸发器完成一个循环。冷冻水型机房空调用于将空气吹过冷冻水盘管,把机房热量带走。

（3）冷却水循环部分

该部分由冷却泵、冷却水管道、冷却水塔及冷凝器等组成。制冷剂在冷水机组里循环,经过压缩机使温度升高,这时用水将温度降下来,这部分水称为冷却水,冷却水通过冷冷却水泵把制冷主机所产生的热量带走,再经过冷却塔把热量释放到空气中,然后回到冷水机组,这样构成一个冷却水循环系统,在这个系统上的泵是冷却水泵。冷冻水循环系统进行热交换的同时,带走机房内大量的热能,该热能和主机的轴功率通过主机内的冷媒传递给冷却水,使冷却水温度升高。冷却泵将升温后的冷却水压入冷却水塔,使之与大气进行热交换,降低温度后的冷却水再送回主机冷凝器完成一个循环。

通过冷却水泵将温度较高的水送上冷却塔,通过冷却塔喷头,让水自上而下流动,一方面,通过自然空气带走水中热量;另一方面,通过冷却风机带动空气加速运动,通过空气带走热量的同时加快蒸发,让水温降低。温度降低后的冷却水再次循环进入制冷主机,带走制冷主机产生的废热,如此循环。

（4）风机盘管

风机盘管空调系统是将由风机和盘管组成的机组直接放在房间内,工作时盘管内根据需要流动热水或冷水,风机把室内空气吸进机组,经过滤后再经盘管冷却或加热后送回室内,如此循环以达到调节室内温度和湿度的目的。

3.1.1　开式系统和闭式系统

　　精密空调水系统均为循环式系统。如图 3-5 所示,根据情况不同,可以分为开式系统和闭式系统。开式系统的回水进入蓄水池,经水泵输送,其管路与大气相通,循环水中含氧量高,管道和设备腐蚀较严重。空气中的污染物,如尘土、杂物、细菌、可溶性气体等,易进入水循环,使微生物大量繁殖,形成生物污泥,管路容易堵塞。当末端设备与冷冻站落差较大时,水泵则须克服落差造成的静水压力,会增加耗电量,水泵启停也容易产生水锤现象。一般较少采用。

　　一般空调水系统采用闭式系统。管路不与大气相接触,水在系统内密封循环,仅在系统最高点设置膨胀水箱,对系统进行定压和补水,如果膨胀水箱无法设置,则在系统设定压罐。由于通信机房的特点,要求水系统连续运行,不允许中断。由于管路不与大气相接触,管道与设备不宜腐蚀,冷量衰减少,杂质和异物不易进入系统,水系统维护工作量低,不需为高处设备提供静水压力,循环水泵的压力低,水泵扬程只需要克服系统管路阻力,从而水泵的功率相对较小;由于没有回水箱、不需重力回水、回水不需另设水泵等。

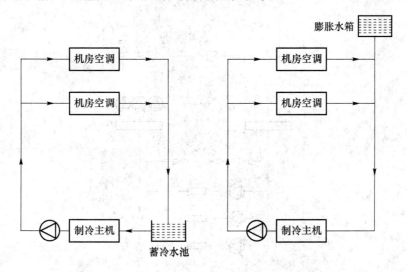

图 3-5　开式系统与闭式系统

3.1.2　定流量和变流量水系统

　　按系统的循环水流量的特性划分,可分为定流量系统和变流量系统。

　　定流量系统中的循环水流量保持定值。当负荷变化时,可通过改变风量或者调节表冷器或风机盘管的旁通水流量进行调节。对于多台冷水机组,且一机一泵的定流量系统,当负荷减少相当于一台冷水机组的冷量时,可以停开一台机组和一台水泵,实行分阶段的定流量运行,这样可节省运输冷量的能耗。

　　变流量系统中供、回水温保持不变,负荷变化时,可通过改变供水量调节。变流量系统只是冷源供给用户的水流量随负荷变化而变化,通过冷水机组的流量是恒定的。这是因为冷水机组中水流量变小会影响机组的性能,而且有结冰的危险存在。实现变流量的方法有两种:一种是采用双级泵水系统;另一种是采用旁通调节。前一种系统的冷量输送能耗小于后一种系统。

按水系统中的循环水泵设置情况划分,可分为单级泵水系统和双级泵水系统。单级泵水系统只用一组循环水泵,其系统简单、初期投资省,但为了保证冷水机组的流量恒定,因此不能充分利用输送管网中的水流量减少(变流量系统)所带来的输送能耗降低的好处。

图 3-6 所示为双级泵水系统中把冷冻水系统分成冷冻水制备和冷冻水输送两部分。为了保证通过冷水机组水量恒定,一般采用一泵对一机的配置方式。与冷水机组对应的泵称为初级泵(也称一次泵),并与供、回水管的旁通管组成冷冻水制备系统。连接所有负荷点的泵称为次级泵(也称二次泵)。末端装置管路与旁通管构成冷冻水输送系统,输送系统完全根据负荷的需要,通过改变水泵的台数或水泵的转数来调节系统的循环水量。通常,把这种生产冷冻水的环路和输送冷冻水的环路串联起来的冷冻水系统成为双级泵系统。其优点是可以降低冷冻水的输送能耗。

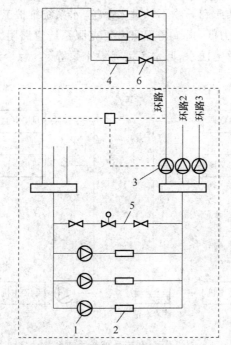

1—一次泵;2—冷水机组;3—二次泵;4—空调器;5—旁通管;6—二次调节阀

图 3-6　双级泵水系统

3.1.3　单级泵定流量水系统

图 3-7 给出了单级泵定流量水系统图示。此系统在空调机或风机盘管空调器供水管(或回水管)上设置由温度控制的三通电动阀。有两种调节方法:连续调节和二位控制。

连续调节。当负荷降低时,一部分水流量与负荷成比例地流经空调机,以保证供冷量与负荷相适应;另一部分水从三通阀旁通,以保证通过循环水泵的流量基本不变。

二位控制。当负荷降低到某一设定值(通常设定所控制的温度)时,水流量不经末端装置(如风机盘管),而全部旁通。

定流量系统只有在多台冷水机组(一机一台设置)时,可实现分阶段定流量运行,以节省输送能耗。一个系统大部分时间是处于低负荷运行状态,而这时运行的水泵仍按设计流量运行,无法再进一步节省输送能耗。因此,在大型空调系统中目前已很少采用。

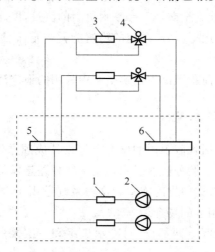

1—冷水机组；2—循环水泵；3—空调机或风机盘管；4—三通阀；5—分水器；6—集水器

图 3-7　单级泵定流量水系统

3.1.4　单级泵变流量系统

图 3-8 给出了单级泵变流量系统的典型图示。在用户末端装置的供水管(或回水管)上设置二通电动阀。当负荷降低时,二通阀关小(或关闭),使末端装置中冷冻水的流量按比例减小(或为零),从而使被调节参数保持在设计值范围内。

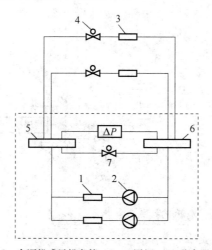

1—冷水机组；2—循环水泵；3—空调机或风机盘管；4—二通阀；5—分水器；6—集水器；7—旁通调节阀

图 3-8　单级泵变流量水系统

在二通阀的调节过程中,管路的特性曲线将发生变化。因而系统负荷侧水流量也将发生变化。为保证冷水机组的流量恒定,在系统的供、回水管之间安装旁通管,管上安装压差控制的旁通调节阀。

当用户负荷减小、负荷侧流量减小时,供、回水总管之间压差增大。通过压差控制器使旁通阀开大,让部分水旁通,以保证流经冷水机组的水流量基本不变。当旁通阀水流量达到一台冷水机组的冷冻水流量时,就相应关掉一台冷水机组及相应的循环水泵,以节省系统的运行能耗。因此,旁通管的最大设计流量即是一台冷水机组的流量,以此来选择旁通管的管径。由于运行的水泵仍按原设计流量运行,因此系统的输送能耗与定流量系统分阶段定流量运行的能耗是一样的。

单级泵变流量系统是目前我国民用建筑空调中采用的最广泛的空调水系统。

3.1.5 双级泵变流量系统

冷冻水输送环路可以根据各区不同的压力损失设计成独立环路进行分区供水。因此,这种系统适用于大型建筑物各空调分区的供水作用半径相差悬殊的场合。双级泵变流量系统由二次泵并联运行,向各区用户集中供冷冻水。这种系统适用于大型建筑物中各空调分区负荷变化规律不一,但阻力损失相近的场合。

双级泵变流量系统的控制分两部分:对冷水机组和一次泵的控制;对冷冻水输送环路的控制。

(1) 冷水机组和一次泵控制

① 流量控制法。如图 3-9 所示,在旁通管上设流量开关(用来检查水流方向和控制冷水机组、水泵的启停)和流量计(检查管内流量)。当用户负荷减小时,一次泵盈余的水量可通过二次泵的旁通管返回二次泵的吸水端。当旁通管内通过水流量为一台水泵流量的 110% 时,流量开关动作。通过程序控制,关掉一台冷水机组和水泵。反之,当负荷增加,一次泵的水量将供不应求。二次泵将会使回水通过旁通管直接返回冷冻水输送系统。当冷水机组出现了水量亏损,达到单台水泵流量的 20%～30% 时,就开启一台一次泵和冷水机组。

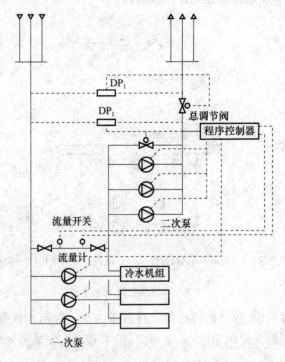

图 3-9　冷水机组和一次泵的流量控制法

② **热量控制法**:如图 3-10 所示,在冷水机组的供、回水管上设温度检测器,并在供、回水

管上设流量检测器。将温度、流量信号输送至热量计算器,将求得的热量值与设定值进行比较,以启动或关闭冷水机组和一次泵。

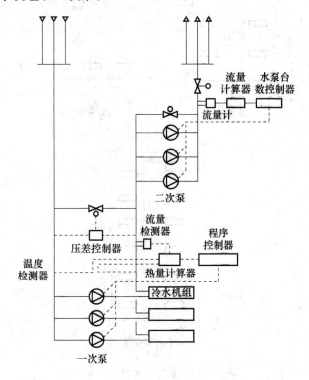

图 3-10　冷水机组的一次泵的热量控制法

（2）冷冻水输送环路的控制

冷冻水输送环路的变水量控制,一般有如下两种。

① 改变二次泵的运行台数。其台数控制方法常用压差控制法和热量控制法。

② 改变二次泵的转速。水泵调速方法有分级调速和无级调速两类。分级调速可用双速或多速电机;无级调速可用变频调速器或液力耦合器等。

3.1.6　同程式和异程式水系统

水系统的回水管布置分为同程式和异程式两种,如图 3-11 所示。同程式水系统中,各个机组环路的管路总长度基本相同,各环路的水阻力大致相等,故系统的水力稳定性好,流量分配均匀。

异程式回水方式的优点是管路配置简单,管材省。由于各环路的管路总长度不相等,故各环路的阻力不平衡,从而导致了流量分配不均的可能性。如果在水管设计时,干管流速取小一些、阻力小一些,各并联支管上安装流量调节装置,增大并联支管的阻力,则异程布置水系统的流量不均匀分配程度可以得到改善。

通常,水系统立管或水平干管距离较长时,采用同程式布置。建筑层数较少,水系统较小时,可采用异程式布置,但所有支管上均应装设流量调节阀以平衡阻力。

考虑系统的可靠性和备份,高层数据机房水系统宜采用两个独立的水系统或者设计成两个独立的单元,每个系统或者单元包括独立的冷却塔、水泵、管路及机房空调等;两个系统或者单元的管路间通过阀门连通,水泵、冷却塔和管路均形成双备份,考虑水泵的重要性,循环水泵的电源不能来自同一路市电,以消除单点故障隐患。

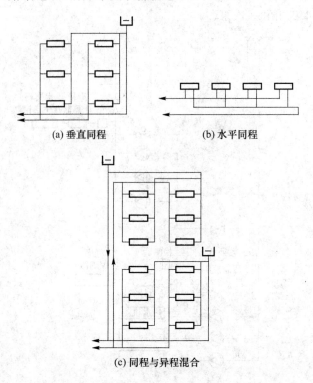

(a) 垂直同程　　　　　(b) 水平同程

(c) 同程与异程混合

图 3-11　水系统回水管布置方式

水泵和闭式凉水塔均要有冗余和备份,且水泵和冷却塔要可以进行切换和调度灵活方便,以便于检修和根据需要调整改变运行方式。

每个楼层或者机房宜安装联络阀门,确保每一处可以进行冷却水系统的切换和调度,确保灵活方便,消除楼层和机房的单点故障。

3.2　水系统的设备及其附件

水系统管道的布置,要尽可能的选用同程系统。虽然初期投资略有增加,但易于保持环路的水力稳定性。若采用异程系统时,应注意各支管间的压力平衡问题。水环路要尽量采用闭式环路。系统内的水基本不与空气接触,对管道、设备的腐蚀较小,系统中的水泵只需要克服系统的流动阻力。

水环路上设置下列部件:水系统的定压装置;水系统的排水和放气;水系统的补水系统;水系统的水处理装置与系统;循环水泵及其附件。

3.2.1　水系统的定压装置

水系统定压设备使水系统运行在确定的压力水平下。常用的定压设备有膨胀水箱、补给水泵和气体定压罐等。

1. 膨胀水箱定压

当空调水系统为闭式系统时,为使系统中的水因温度变化而引起的体积膨胀给予余地,以及有利于系统中空气的排除,在管路系统中应连接膨胀水箱。为保证膨胀水箱和水系统的正常工作,在机械循环系统中,膨胀水箱应安装在水泵的吸入侧,水箱标高应至少高出系统最高点 1 m。

膨胀水箱定压方式压力稳定,系统简单,基本不用管理。缺点是水箱应放置于系统最高处,占据一定空间。建筑物要承受水箱及水的荷重。

膨胀水箱用钢板制成圆柱体或长方体,配管如图 3-12 所示。包括膨胀管、循环管、信号管、补水管(手动和浮球阀自动控制)、溢流管、排污管等。箱体应保温并加盖板。

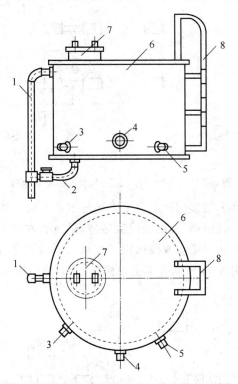

1—溢流管;2—排水管;3—循环管;4—膨胀管;5—信号管;6—箱体;7—人孔;8—人梯

图 3-12　圆形膨胀水箱

循环管用于使水箱内的不冻结之用。在寒冷地区,为防止冬季共暖时水箱结冰,在膨胀水箱上接出一根循环管,把循环管接在理解膨胀管的同一水平管路上,使膨胀水箱中的水在两连接点压差的作用下,处在缓慢流动状态。

除排水管设在箱底之外,其余各管都应设在管壁以防堵塞。

膨胀管连接水箱与系统,供系统水进出之用。膨胀管和循环管连接点间距可取1.5~3.0 m。

溢流管用于水箱充水或系统水量过多溢流、排水之用,溢流管接到附近的排水设备上方,不允许连接到下水管道中。

信号管用来检查膨胀水箱是否存水。一般将信号管引到管理人员便于观察和操作的排水设备上方,信号管末端有关闭阀。

排水管用于清扫膨胀水箱时,排除箱内污水用。

水靠水泵的动力以及水在膨胀管和循环管中压头的重力作用压力下,成为活水。越高的建筑,重力作用压力越大,上述两管的距离可适当减小。膨胀管、溢流管和循环管上严禁安装阀门,以防误操作使系统超压、水溢出水箱或冻结。

图 3-13 所示为垂直下供上回式系统,其特点是只有一根回水总立管,采用穿流式水箱。将膨胀水箱连接到回水立管上部最为适合,只需满足水箱最低水位高出上部水平回水干管 O 点即可。

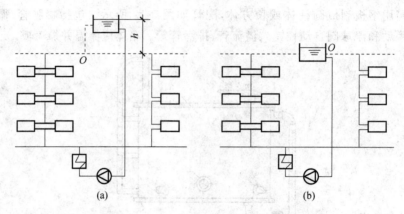

图 3-13　下供上回式系统中水箱的安装高度

垂直下供下回式系统将水箱接到回水总干管循环水泵入口。如整个系统都在散热器上安装排气阀排气,则水箱最低水位只需高出顶层散热器,是所有方案中水箱安装高度最低的。此时水箱可放在顶层散热器所在的楼层或楼梯间。如整个系统都采用空气管排气,则水箱最低水位须高出空气管高点。图 3-14 中综合了上述两种情况,应按安装空气管的条件来确定水箱安装高度。

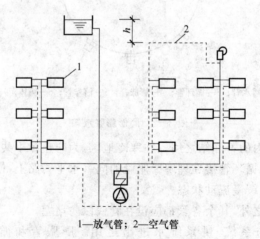

1—放气管；2—空气管

图 3-14　垂直下供下回式系统中水箱的安装高度

2. 补给水泵定压

补给水泵定压的主要设备是水泵,容易实现,效果好,但要消耗电能,是目前主要的定压设备。对中小型系统补给水泵定压可采用图 3-15 两种形式。

图 3-15(a)为补给水泵连续补水定压系统示意图。定压点设在循环水泵 6 的入口。利用压力调节阀 3 保持定压点 O 的压力恒定。当系统压力增加时,O 点压力增加,压力调节阀 3 关小,补给水泵 1 的补水量减少,使系统内压力降低到设定水平。当 O 点压力减小时,压力阀 3

开大,补给水泵 1 补水量增加,系统压力回升到设定水平。自动改变压力调节阀 3 的开度,相当于改变补给水泵 1 的管路特性,使水泵工作点变动,所供给的补水量变动,维持补水量与系统漏水量一致,而达到定压的目的。连续补水定压方式下,系统内压力稳定在一个水平上,补给水泵消耗电能较多。

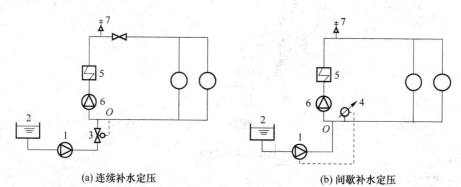

(a) 连续补水定压　　　　　　　　　(b) 间歇补水定压

1—补给水泵；2—补给水箱；3—压力调节阀；4—电接点压力表；5—冷水机组；6—循环水泵；7—安全阀

图 3-15　补给水泵定压

图 3-15(b)为补给水泵间歇补水定压系统示意图。图(a)与图(b)的主要区别是:图(a)中的压力调节阀 3 用图(b)中的电接点压力表 4 代替。O 点压力下降到某一设定数值时,电接点压力表触电接通,补给水泵 1 启动,向系统补水,O 点压力升高。当压力升高到某一设定数值时,电接点压力表触电断开,补给水泵停止补水。停止补水后系统压力逐渐下降到压力下限,水泵再启动补水,如此反复,使定压点压力在上限与下限之间波动。补给水泵间歇补水定压比连续补水定压节省电能,设备简单,但系统内压力不如连续补水方式稳定。

用补给水泵定压时,补给水泵的台数应选两台以上,兼顾备用。选泵时要分别考虑正常和事故工况下补水要求。例如选两台时,正常工况下一台工作,一台备用。事故工况下两台同时运行。补给水泵的扬程应保证将水送到系统最高点并留有 $2\sim5\ \mathrm{mH_2O}$ 的富裕压头。补给水泵的流量应补充系统的渗漏水量。系统的渗漏水量与系统的规模、施工安装质量和运行管理水平有关,准确计算比较困难。可按系统的循环水量进行估算。正常条件下补水装置的补水量取系统循环水量的 1%,事故补水量为正常水量的 4 倍。

应选择流量—扬程性能曲线比较陡的水泵为补给水泵,使得压力调节阀开启度变化时,补水量变化比较灵敏。此外由于补水装置连续运行,事故补水的情况较少,应力求正常补水时,补水装置处于水泵高效工作区,以节省电能。

水泵水管配管如图 3-16 所示。为使水泵正常工作,水泵配管应注意以下几点。

(1) 为降低水泵的振动和噪声的传递,应根据减振要求,合理选用减振器,并在水泵的吸入管和压出管上安装软接头。

(2) 水泵吸入管和压出管上应设置进口阀和出口阀。出口阀主要起调节作用,可用截止阀或蝶阀。

(3) 水泵压出管上的止回阀,是为了防止水泵突然断电时水逆流,使水泵叶轮受阻而设置的。可用旋启式、升式止回阀,也可采用防水击性能较好的缓闭式止回阀。

(4) 为了有利于管道清洗和排污,止回阀下游和水泵进水管处应设排水管。

(5) 水泵出水管出安装压力表和温度计。

(6) 考虑管路的伸缩,可尽量利用管路转弯处的弯管进行补偿,不足时考虑补偿器。

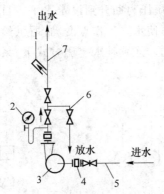

1—温度计；2—压力表；3—水泵；4—软性接管；5—吸入管；6—放水管；7—压出管

图 3-16 水泵配管

3. 气压罐定压

气压罐是一钢制圆筒形容器，一般多连接到循环水泵入口。罐内上部空间充有空气或氮气，下部为水。

图 3-17 为气压罐定压原理图。气压罐相当于一个密闭的膨胀水箱。它的应用省去了安装高位膨胀水箱所带来的困难。系统的压力状况由气压罐 3 内的压力来控制。当系统内水受热膨胀时，罐内水位升高，气体空间减小，压力增高。当水位升高到正常的最高水位时，罐内压力达到上限压力时，由自控装置(电接点压力表 5 或其他设施)使补给水泵停止运转。如果压力进一步升高，罐顶安全阀 4 启动，排气使罐内压力下降。当系统水温下降或漏水时，罐内水位下降。若水位下降到规定的最低水位时，罐内压力达到下限压力，此时上部补气，同时控制补给水泵自动启动补水，使罐内水位升高，压力不会低于下限压力。系统内 O 点的压力稳定在上下限压力之间。

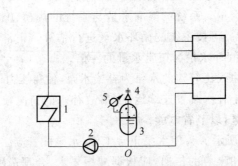

1—换热器；2—循环水泵；3—气压罐；4—安全阀；5—压力表

图 3-17 气压罐定压原理图

低温水采暖、空调水系统，罐内可用空气定压。如为高温水，可用氮气定压。氮气定压比空气定压可减少对系统的氧腐蚀，但要专门配备氮气瓶以及充氮气的部件。

气压罐的调节容积是其压力上下限之间所对应的容积，应保证水温在正常温度波动范围内能有效地调节系统热胀冷缩时水量的变化。这也是选择气压罐时应注意的指标之一。

3.2.2　水系统的其他设备

1. 冷却塔

制冷空调器冷凝器冷却水通过冷却塔,将热量散发给大气,并保持冷却水系统的正常循环。

冷却塔中水和空气的换热方式之一是,流过水表面的空气与水直接接触,通过接触传热和蒸发散热,把水中的热量传输给空气。用这种方式冷却的称为湿式冷却塔。湿式冷却塔的换热效率高,水被冷却的极限温度为空气的湿球温度。但是,水因蒸发而造成损耗,蒸发又使循环的冷却水含盐度增加。为了稳定水质,必须排掉一部分含盐度较高的水。风吹也会造成水的飘散损失,必须有足够的新水持续补充。因此,湿式冷却塔需要有供给水的水源。

缺水地区,在补充水有困难的情况下,只能采用干式冷却塔。干式冷却塔中空气与水的换热是通过金属管组成的散热器表面传热,将管内水的热量传输给散热器外流动的空气。干式冷却塔的换热效率比湿式冷却塔低,冷却的极限温度为空气的干球温度。这些装置的一次性投资大,且风机耗能很高。

冷却塔冷却水的过程属热质传递过程。被冷却的水用喷嘴、布水器或配水盘分配至冷却塔内部填料处,大大增加水与空气的接触面积。空气由风机、强制气流、自然风或喷射的诱导效应而循环。部分水在等压条件下吸热而气化,从而使周围的液态水温度下降。

我国北方地区,冷却塔冬季运行时,因气温过低会引起塔的某些部位结冰,影响正常运行。

结冰部位及结冰主要原因如下。

(1) 塔的进风口处。在百叶窗上,溅到上边的水很容易结冰。

(2) 填料及支撑梁柱上。当机组负荷减小、循环水温或水量降低及气温突然下降时,就可能在填料下端部位及支撑梁柱上结冰。停运的塔,由于阀门漏水,仍有少量水从填料淋下,也会造成填料及支撑梁柱上结冰。

(3) 塔顶上。当收水器收水效果较差,较多的飘滴随出塔气流逸出塔外,落在塔顶平台及风筒上,也会造成结冰。

结冰的主要危害如下。

(1) 影响塔的冷却效果。进风口结冰帘以后,进风面积减小,填料处结冰,影响填料的散热效果,因而影响了塔的冷却效果。

(2) 增加了结构的荷重。

(3) 造成管道及闸门等冻裂。管道内或阀门处结冰,体积膨胀,以致造成管道或阀门破坏性事故。

(4) 造成其他设备结冰。

冬季运行的防冻主要措施如下。

(1) 加设防冻管。在进风口上加设一圈防冻管道,直接从进水管上引水。防冻水量约为总循环水量的 20%～40%。防冻管上开孔,向下喷水,形成一道热水幕,防止塔在进风口处结冰。

(2) 设旁路水管。在塔的进水管上接旁路水管通到集水池。旁通水量占冬季运行循环水量的大部分或全部。旁路管的作用为在机组起动或停机时,将循环水不送上塔,而由旁路水管直接放入集水池。在正常运行时,也可通过旁路部分水量调节池水温度,防止水池或水渠结冰。

（3）进风口加挡风板。

（4）使用可调角度的百叶窗。进风口百叶窗的叶片角度制成可调的。可将进风口完全关闭，或根据气温变化调节百叶窗的开度，控制进塔风量，防止塔内结冰。

（5）机械通风冷却塔风机倒转。机械通风冷却塔使用风机倒转的办法，定时将热空气从塔的进风口排出塔外，防止塔的进风口结冰。

冷却塔管路系统布置时应注意以下几点。

（1）冷却塔下方不另设水池时，冷却塔应自带盛水盘。盛水盘应有一定的盛水量，并设有自动控制的补给水管、溢水管和排污管。

（2）多台冷却塔并联时，如图 3-18 所示，为防止并联管路阻力不均衡，水量分配不均匀，以致不能发挥每个冷却塔的冷却效率以及水池的漏流现象。各进水管上要设阀门，借以调节进水量。同时，在各冷却塔的底池之间，用与进水干管相同管径的均压管（即平衡管）连接。

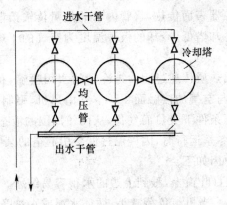

图 3-18　多台冷却塔并联

（3）为使各冷却塔的出水量均衡，出水干管宜采用比进水干管大 2 号的集水管，并用 45°弯管与冷却塔各出水管连接。

2. 集气囊

水系统中所有可能积聚空气的气囊顶点，都应设置自动放空气的集气囊，结构如图 3-19 所示。滞留在水系统中的空气不但会在管道内形成气堵影响正常水循环。在换热器内形成气囊使换热量大为下降。另外，还会使管道和设备加快腐蚀。

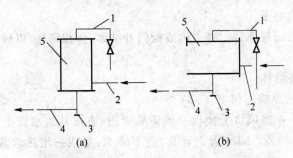

1—放气管；2—进水管；3—螺塞；4—出水管；5—集气囊

图 3-19　集气囊的安装方式

集气囊是由直径为 100～250 mm 钢管焊接而成，有立式和卧式两种。安装在水系统中可能聚集空气的最高点。集气囊顶部排气管设自动放气阀。

3. 过滤器

为了防止水管路系统的阻塞和保证水路系统中的设备和阀件正常工作,在管路系统中应安装过滤器,用以清除水中杂物。通常过滤器应安装在水泵的吸入管和换热器的进水管上。

过滤器有立式直通式、卧式直通式、卧式觉通式及 Y 形过滤器。工程上常用的是 Y 形过滤器,它具有外形尺寸小、安装清洗方便的特点。滤芯采用不锈钢制成,把水中杂质收集起来,用人工以不定期方式清除。

Y 形过滤器有两种连接方式:螺纹连接和法兰连接,如图 3-20 和图 3-21 所示。

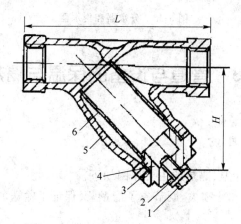

1—螺栓；2、3—垫片；4—封盖；5—阀体；6—网片

图 3-20　Y 过滤器结构(螺纹连接)

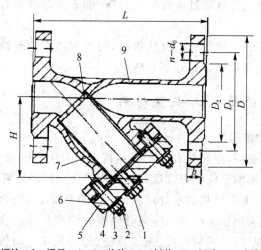

1—螺钉；2—螺栓；3—螺母；4、6—垫片；5—封盖；7—网片；8—框架；9—阀体

图 3-21　Y 过滤器结构(法兰连接)

4. 分水器和集水器

分水器起到向各分路分配水流量的作用。集水器起到由各分路、环路汇集水流量的作用。如图 3-22 所示,分水器和集水器是为了便于连接各个水环路的并联管道而设置的,起到均压的作用,以使流量分配均匀。分水管和集水管的管径,可根据并联管道的总流量,通过该管径时的断面流速为 1.0~1.5 m/s 来确定。流量特别大时,可增加流速,但不宜超过 3.5 m/s。

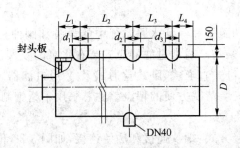

图 3-22　分水器和集水器

3.3　管道与设备的保温与隔热

3.3.1　保温隔热的目的

空调设备与管道需要保温、隔热的主要原因如下。

1.减少系统的热损失和冷损失,既节省了能量,又保证了输送的冷、热媒参数不偏离用户要求。

2.防止设备或管道的表面温度过高,而致人烫伤,或引起有燃烧爆炸危险的气体、粉尘起火爆炸,或辐射强度过高而造成对人的损害。

3.防止设备或管道表面温度过低而导致结露,如蒸发器冷冻管、寒冷地区的新风管道等都可能出现结露。

4.当设备与管道内的气体含有可凝结物时,防止内部出现凝结而堵塞,如排风中含苯蒸气时,则排风管内温度过低时可能形成凝结物。

3.3.2　保温隔热的结构与保温材料

1. 保温隔热材料的结构

保温隔热结构有防腐层、保温层和保护层组成,如图 3-23 所示。管道经受介质的内腐蚀和大气、土壤的外腐蚀,影响系统的正常运行和使用寿命。减轻钢管内腐蚀的主要途径是采用有效的水处理方法,建立健全严格的水处理制度。可在管道、设备金属表面刷涂料防外腐蚀。对钢板风管内表面也可采用涂料防腐。防风管内腐蚀的涂料除有良好的耐腐蚀能力之外,还应有良好的附着力、耐温性能、机械性能、施工方便、价格低廉。防管道、设备外腐蚀的涂料除满足上述防内腐蚀涂料的要求外,还应有防水、防潮、不易老化,在常温下易固化等性能。热水管道常用的防腐涂料有耐热防锈漆、树脂漆等。钢板风道常用的防腐涂料有耐酸漆、磁漆、调和漆、沥青漆、环氧树脂等。

保温层有保温材料构成,是实现保温隔热的主要组成部分和保温结构的主体。保温材料应具有以下主要技术性能。

(1)导热系数小,平均工作温度下导热系数值小于 $0.12\ \text{W}/(\text{m}\cdot\text{℃})$。

(2)重量轻,密度小于 $400\ \text{kg}/\text{m}^3$。

(3)有一定的机械强度,如制成硬质成型制品,其抗压强度不应小于 $300\ \text{kPa}$,半硬质的保温材料压缩 10％时抗压强度不应小于 200 kPa。

（4）吸水率小，不腐蚀钢材。

在选择保温材料时除应注意满足上述几点要求之外，还应考虑易于安装施工，造价低，使用年限长等因素。

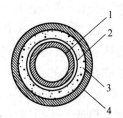

1—钢管；2—防腐层；3—保温层；4—保护层

图 3-23　管道的保温结构

保护层的作用是防止保温层受到机械碰撞时破损，防止水分侵入保温层降低其性能，美化保温管的外观。保护层采用金属或毡布类材料。金属保护层可采用镀锌钢板、普通薄钢板及铝合金板等材料。金属保护层结构简单、美观，使用寿命长，但造价高，易腐蚀，多用于地上敷设管道；毡布类保护层要采用有良好防水性能和易于施工的材料，如玻璃丝布、玻璃钢、沥青油毡等，可用于室内管道，但不是很美观，所以大量用于管沟、管井内的管道。

2. 保温材料

满足上述要求的保温材料种类繁多，目前常用的有膨胀珍珠岩、膨胀蛭石、岩棉、矿渣棉、玻璃棉、微孔硅酸钙、泡沫混凝土、聚氨酯等。它们有的可制成板材和管壳，有的可制成卷毡。所采用的施工安装方法也因保温材料性状的差异而不同。可分别采用涂抹式、缠绕式、填充式、灌注式、喷涂式等。近年来生产的预制保温管（如聚氨酯泡沫塑料预制直埋保温管）性能好，可加快施工进度，是一个发展方向。此外，还生产了一些新型性能优良的保温材料，如可用于设备、管道保温的有光滑防潮贴面（增强铝箔 FSK）和无贴面的玻璃纤维保温套管、管壳、隔热板；离心玻璃棉制成的各种板材、卷毡等。新型材料技术的发展为确定管道、设备的保温方案提供了多种途径。

3.4　循环冷却水的水质处理

循环冷却水处理主要是解决循环冷却水的结垢、腐蚀、污垢和微生物等问题。

1. 水垢

当 $CaCO_3$ 沉积在换热器传热表面时，形成致密的碳酸钙水垢。水垢的形成会导致换热效率严重下降。因为水垢的导热率约为钢材的 1％。除盐垢外，还有一些物质也能在循环水系统内形成沉积物，这种沉积物称污垢。水垢的危害如下。

① 使传热效率下降。

② 过水断面减小，以致增加了水力阻抗，减少了水的流量。

③ 不均匀的沉积物往往是造成局部腐蚀的重要原因之一。

因此，水垢不仅影响了循环水系统的正常运行，甚至会出现严重事故，被迫停机检修。

2. 设备腐蚀

碳钢制成的换热器,长期使用循环冷却水,会发生腐蚀穿孔。腐蚀的原因一是水中溶解氧,引起电化学腐蚀;二是有害离子引起的腐蚀,加速了金属的腐蚀。

3. 污垢和菌藻

在循环冷却水中,由于养分的浓缩、水温的升高和日光的照射,给细菌和藻类创造了迅速繁殖的条件。大量细菌分泌出的黏液,像黏合剂一样,能使水中的悬浮物和化学沉淀物等黏附在一起,形成污泥。黏附在换热器的传热表面上,还会使冷却水流量减少,降低了换热器的冷却效率。因此,对循环冷却水的处理是非常重要的。

循环冷却水处理就是防止结垢和腐蚀,以及微生物黏泥的形成。通常是由一定的配方药剂,在循环水系统的换热器的管壁表面上形成一层极薄的而不影响换热效果的保护膜。要使这层保护膜均匀、致密和完整,必须要求管壁表面清洁,无锈垢物沉积在上面,这样才能使水处理剂扩散到金属表面而形成一层保护膜。为此,需要进行循环冷却水处理的化学清洗。特别对一些老系统,更需要进行化学清洗。

对于锈垢并不严重的循环水系统,可以整个系统一起清洗。

对于锈垢严重的换热器,用上述方法是达不到预定的效果,必须进行单塔的化学清洗、酸洗、碱洗,然后再作钝化处理。

当系统的化学清洗结束后,进行预膜处理。循环冷却水的预膜处理(或称基础处理)是很重要的一步。预膜处理的成功,很大程度上取决于化学清洗的效果。

为了达到上述要求,要适当投加阻垢剂以防止结垢,投加缓蚀剂以防止腐蚀,用剥离杀生剂来消灭生物。但是,情况并不是很简单的,因为影响因素很多,例如补充水水质、循环水浓缩倍数、循环水水质、流速、换热器结构与材料、工艺介质渗漏及水温等,各不相同。首先要控制 Ca^{2+} 的含量,降去 Ca^{2+},使水软化。

(1)离子交换树脂法

让水通过阳离子交换树脂,利用树脂的特性,将 Ca^{2+} 离子吸附在树脂上,达到除钙目的。

(2)投加阻垢剂

碳酸钙等水垢从水中析出的过程,就是微溶性盐从溶液中结晶沉淀的一种过程。因此,如能投加某些阻垢剂,破坏其结晶增长,就可以达到控制水垢形成的目的。

(3)投加缓蚀剂

缓蚀剂的种类很多,应用比较广泛,一般可分无机和有机缓蚀剂,其作用能使技术表面形成各种不同的膜,有氧化膜、沉淀膜和吸附膜。

(4)投加杀生剂

在循环冷却水系统中,水的温度和PH酸碱度的范围恰好适宜多种微生物的生长,而且随着水的浓缩,使冷却水中的营养源增加,再加上冷却塔、冷水池常年落置室外,阳光充足,因此给微生物的生长提供了良好的条件,这是敞开式循环冷却水系统微生物增多的原因。由于微生物的繁殖而引起的危害必须给予充分的重视。

当补充水进入系统前,预先经过过滤处理,可以除去水中藻类等悬浮物质,对循环水也可采用过滤法除去悬浮的混浊物、藻类等。在循环冷却水系统中,投加杀生剂是目前抑制微生物的通行方法。

杀生剂可分为氧化性和非氧化性两大类。氧化性杀生剂是一种强氧化剂,如臭氧 O_3 等。

非氧化性杀生剂的效果比氧化性杀生剂要好。

3.5　冷水机组配置

为了防止冷水机组检修、维护、故障等情况对冷却系统的影响,在需要连续冷却的数据中心,冷水机组都必须设置备份。备份标准如表 3-1 所示。

表 3-1　主要设计等级标准对冷水机组配置要求

设计标准	等级	冷水机组备份要求
TIA_942	T4	$2N$ 或 $2(N+1)$
	T3	$N+x, x=1 \sim N$
	T2	$N+1$
GB50174-2008	A	$N+x, x=1 \sim N$
	B	$N+1$

从表 3-1 可以看出,不同的标准,在备份机组的取舍问题上相差很大,过高的标准会带来过高的投资。在满足可靠性的前提下,减少备份机组台数,可以大幅度降低投资。假定主用冷水机组为 N 台,当备份机组为 1 台时,有如下两种情况。

(1)当 N 值较少时($N<4$),2 台机组同时出现故障的概率非常低,x 取 1 基本已经可以应对突发故障情况。考虑 2 台机组同时发生故障的极端情况,采用 2+1 配置时,剩余机组(还有 1 台正常运行)的 1 台也可以提供至少 50% 的总冷量;采用 4+1 配置时,剩余机组(还有 3 台正常运行)可以提供 75% 的总冷量,此时通过关停、减少次要区域的空调负荷,仍可在较长时间内维持关键区域的冷却效果。

(2)当 $N>4$ 时,此时 2 台机组同时出现同时出现故障的概率上升,但由于总机组数量增加,即使当 2 台机组同时发生故障,剩余机组也可以提供至少 75% 以上的总冷量,已经接近设计标准,此时无论是否关停次要区域空调负荷,关键区域的冷却效果都可以维持较长时间。

因此,$N+1$ 配置已经可以应付绝大多数情况,对于一些保障性要求较高的数据中心,采用 $N+2$ 配置。再多的备份机组,意义已经不大了。

通过对目前在建、在用的一些全国性互联网企业数据中心、大型商业银行区域数据中心等项目的冷水机组的配置情况来看,配置基本为 $N+1$ 或 $N+2$,满足冷冻机组备份需求,同时也满足国标 A 级的要求。

为了确保输配系统的可靠性,在局部检修时不中断供水,管路系统一般需要设计为冗余管路,双路或者环路。如图 3-24 所示。

需要注意的是,大型数据中心机房主干环路较长,接出去的子环路较多,建议在为每个子环路的入口处设置动态水力平衡阀,使系统各环路能够均衡供水,确保各个机房的水量达到设计要求。

当冷冻水供、回水管路进入机房时,一般也采用环状设计,以免局部检修时,需要中断整个机房的供水。

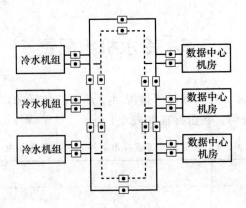

图 3-24　冗余管路系统

3.6　水管进入机房的保护措施

由于冷冻水精密空调系统复杂、管线多、运行难度加大,因此提高冷冻水空调的安全性显得尤为重要。

空调冷冻水循环系统是包括来自空调设备的冷冻水回水经集水器、除污器、循环水泵,进入冷水机组蒸发器内、吸收了制冷剂蒸发的冷量,使其温度降低为冷冻水,进入分水器后再送入空调设备的表冷器或冷却盘管内,与被处理的空气进行热交换后,再回到冷水机组内进行循环再冷却。

在空气调节中,常常通过水作为载冷剂来实现热量的传递,因此水系统是空调系统的一个重要的组成部分。传统观念认为,数据中心中设置了大量的用电设备,水进入机房会带来很大的危险,担心一旦冷冻水管路发生跑冒滴漏,甚至爆管,会对设备造成不良影响。但是随着节能降耗观念的深入人心,美国从 2000 年起,冷冻水系统因其高效节能的优势开始大量地应用于数据中心制冷。因此,如何做好防止漏水及保证系统的可靠性就显得尤其重要。在设计时,可以考虑干湿分离措施。如图 3-25 所示。

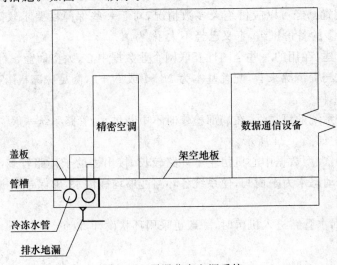

图 3-25　干湿分离空调系统

1．设置管槽，把水管设置在独立、隔离的管槽内，同时在管槽内设排水地漏，一旦发生漏水或者爆管，水可以通过排水地漏排至室外，不会蔓延至设备空间。

2．设置水浸检测。在管槽内、精密空调周边设置水浸检测，一旦发生水浸报警，立刻处理、检修。

通过这些措施，基本可以保证在爆管等严重事故下，空调区域的水能够及时排走，不会影响数通设备。

根据多年的设计、工程和运行管理经验，提出下列措施。

1．水系统使用无缝钢管和优质阀门

使用优质的无缝钢管和阀门，降低水管漏水、阀门故障漏水等概率，从而提高系统的安全性和可靠性。

2．高质量的钢管焊接

采用厚壁优质无缝钢管，合理的焊接工艺提高焊接质量。钢管焊接完成后，采用 3 倍于运行压力进行管道打压实验。

3．水管采用环路系统

水管采用环路系统，即使某处发生故障，整个系统不受影响，仍然可以正常运行，提高系统的安全性。

4．消除水系统单点故障

在每个设备的前、后端设置截止阀；在每个阀门的前、后端，也设置截止阀。当系统中某个设备或某个阀门发生故障时，可以关闭相应阀门，在系统冗余范围内及时维修，不影响这个系统的正常运行。

5．地面防水、漏水检测

精密空调下方地面、管道间地面，应做防水并设置挡水围堰和漏水监测探头，出现漏水及时报警，提高系统的安全性。

6．采用封闭的管道间

采用封闭的管道间，水管主要布置在管道间中，即使发生漏水，也可以保证水不进入 IT 设备区域，提高系统的安全性。

7．保温及防冻

做好冷冻水管的保温，提高冷量输送效率。做好冷却水管、冷冻水管、冷却塔的防冻，提高系统的安全性。

通过以上途径，冷冻水空调系统的安全性和可靠性有了保证，也为在能源日益紧张，节能越来越迫切的今天，在数据中心这个高耗能环境中放心地使用冷冻水精密空调来制冷，有效地节省能源。

第4章 机房气流组织形式

机房空调的作用是维持设备运行的环境,但是空调器不是直接作用于设备本身,而是通过空气的流动把设备的发热量带走的。在实际应用中,经常会出现设备发热量与空调制冷量完全匹配,但冷却效果很差的情况。

影响热交换性能的主要因素是机房内的气流组织形式。气流组织是通信机房环境保障的关键,也是机房空调设计和维护的难点。合理的机房空调布局以及气流组织的分布会减少局部热点的产生或者尽量降低局部热点的温度,使机房内空气的温度分布均匀,使机房空调机组达到最佳的制冷效果。

4.1 气流组织的定义

气流组织是指对气流的流向、流量、压力和均匀度按一定要求进行组织和分配。气流组织的实现,就是在机房内按照气流的基本特性,合理地布置空调机组、风路、送风口、回风口以及设备机架的气流通道,使得经过净化和热湿处理的空气,由送风口送入相应部位,在扩散或与热源的接触过程中,均匀地消除室内余热、余湿和灰尘,从而使工作区形成比较均匀稳定的温度、湿度和洁净度,以满足通信机房生产工艺的要求。

机房内部要求密封度好,保持正压,才能保证机房内的气流组织正常。机房中气流组织需要整体考虑,但因情况复杂,现将气流组织范围由大到小进行分级,即机房级气流组织、机架级气流组织、设备级气流组织。其中设备级气流组织不是运运营商考虑的问题,不是用户和维护人员能够改变的,而是设备制造商需要解决的问题。设备制造商需要对设备进行热设计,将少发热的部件置于进风口,将高发热部件靠近排风口,设备的风扇应能够在环境温度(设备吸入口处)满足标称指标下正常运行,气流的循环驱动(压力)应由风扇提供而不是由空调系统提供。

一般来讲,需要关心设备是否是前进风、后排风,还有排风位置是在服务器的左侧还是右侧,因为设备排风的方向对气流组织的影响还是很大的。在机房实际安装设备时,用户需要注意的是,个别设备进风口和排风口与常规设备相反,即后进风前排风,这样的设备绝不能与常规设备共架。

下面着重讨论机房级气流组织和机架级气流组织两种形式。

4.2 机房级气流组织

在机房应用的发展历程中,由于各机房所处的时期、地域、用途、能量密度、设备选型、设计思路、运管习惯等方面的不同，机房布局和选择的送风布线方式各有差异。在数据中心机房范围内，按照送、回风口布置位置和形式的不同，大致可以归纳为以下几种气流组织形式：上送风下回风、侧送风侧回风、中送风上下回风、上送风上回风、下送风上回风和弥漫式送风方式。机房空调系统常用的气流组织是下送风上回风和上送风下回（侧回）风气流组织形式，较少用到侧送风形式。

下送风方式是机房中最佳的气流组织方式。它使温度在机房工作区整个高度上的均匀性高于上送风方式。因为它阻止了设备放出的热量再返回到机房工作区，从而节省了空调机组按工作区环境参数计算得到的冷量，提高了制冷效率，节约了能耗。但最好的方式并不是最适用的方式，要根据具体情况进行设计考虑。气流组织形式的确定要考虑以下几个方面。

1. 依据设备冷却方式、安装方式，如设备或机柜自带冷却风扇或冷却盘管，目前较常见的设备和机柜的冷却方式都是从前面进风，后面或上部出风。

2. 冷量的高效利用。使散热设备在冷空气的射流范围内。

3. 机房建筑结构、平面布局。机房各个系统的建设要依托于建筑环境中，也受到这些因素的制约，如建筑层高、形状、面积等。

4.2.1　下送风上回风方式

下送风上回风方式是大中型数据中心机房普遍采用的一种送风方式。

下送风方式是在机房空调机组底部做一个支架，支架高度与机房的活动地板高度相同，活动地板空间用作空调送风的通道。机房专用空调机组的风机将经过处理的低温空气直接向机房防静电地板下面送风。利用活动地板形成的空间作为一个静压箱，在地板下形成 40～70 Pa 的风压，然后通过通信设备底部开口处、地板出风口，进入机房和通信设备内，气流由下向上流动对设备进行冷却，带走通信设备和机房的热量。通过机房上部空间返回到空调机组内，进行冷却降温处理，再循环使用。如图 4-1 所示。

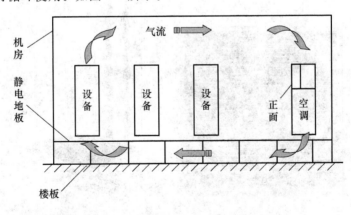

图 4-1　下送风上回风气流组织

空调机组送出的低温空气迅速冷却设备，利用热力环流能有效达到冷却效率。因为热空气密度小而轻，它会往上升；冷空气密度大而沉，它会往下降，填补热空气上升留下的空缺，形成气流的循环运动，这就是热力环流。热力环流不同于水平流动的风，它是空气上下垂直的对流运动，冷与热激发出气流缓慢的运动。跟风不一样，风能够改造局部环境的气候，而热力环流是气流运动的原始动力。利用气流的原始动力，可以不用设置动力设备，同样达到最佳的冷却效果。

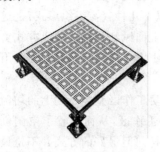

图 4-2　风口板送风

送风口可安装在高架活动地板上,也可用高架地板配套的风口板送风,如图 4-2 所示。地板下的空间可作为空调送风静压箱。静压箱可以减少送风系统动压、增加静压、稳定气流和减少气流振动,可使送风效果更加理想。空气经过地板上安装的风口板向设备和机柜送风。

随着科技的发展和电子设备的不断升级,机柜功率越来越大,需要的配风风量也相应增加。此时,高架地板下送风存在两个瓶颈,即地板下送风截面积和地板的出风口的有效出风面积。为了解决这些问题,高架地板越铺越高,但是地板出风口的面积已经达到了极限,出孔率不可能达到 100%,而增加每台机柜所拥有的地板出风量必须增加机房面积。所以,地板下送风的气流组织方式,目前只能满足每台机柜 5 kW 以下的密度要求。解决 5 kW 以上的高密度机柜的制冷需要必须打破传统的单纯下送风方式,对部分高功率密度的机柜采用单独配置区域性的水平空调系统,并同时将若干高密度机柜布置成为冷热通道送风系统,这种制冷方式可以提高冷却效率,将成为高密度集成式数据中心机房空调发展的趋势。

地板送风机是针对高架地板机房设计的通风设备,它可以嵌入高架地板,有效节约安装空间,其智能调速器可以根据周边环境的温度调节输出风量,均匀散热,有效克服高架地板机房内热负荷密度过高、不均匀的难题,为机房提供一个有效、节能的制冷散热效果。如图 4-3 所示。

图 4-3　地板送风风机

在有足够平均冷却能力,但却存在高密度机柜造成的热点的场合,可以通过采用有风扇辅助的设备来改进机柜内的冷却负荷,这种设备可以改善气流,并可使每一机柜的冷却能力提高 3~8 kW。像所有的排风装置一样,安装此类装置要谨慎,以确保从邻近空间分流空气不会造成邻近机柜本身的过热。这些装置应该由 UPS 供电,以防止停电时后备电源启动时因热量过大而造成宕机。

下送风方式的优点如下。

1. 有效利用冷源,减少能耗。下送风方式是将低温空气直接从底部送到通信设备内,吸收通信设备的热量后,从机房顶部回到空调机组顶部。空调风流动方向与空气特性相一致,容易得到较好的制冷效果。

2. 地板下的空间比风管断面的面积要大许多,这就形成了静压箱。在机房内送风布置均匀,并且可根据机房内设备摆放的不同位置,及热负荷的位置变化,随时改变地板出风口的位置及开口大小来调节机房内的送风布置。避免机房内出现区域温差。因此下送风方式送风均匀,整个机房区域的温差小。

3. 送风在活动地板内,从而使下风的距离与上送风方式在同等条件下,所需的送风风压低,空调设备和送风噪声相对会低一些。

4. 下送风方式空调机组不需要送风风管和送风口,送风方式简单,方便维修和日常维护。空调设备的摆放可以灵活地进行调整,便于设备扩容和移位,无须再投资和建设通风管道,从而使得通信机房内显得整齐美观。从空调专业投资来说,下送风相对于上送风而言投资会低一点。

5. 充分利用热流浮力作用上升至天花吊顶附近或者机房可允许最大高度,通过回风口流至空气处理机组。

虽然下送风技术较之传统的通风方式具有很多的优点,但是要广泛地推广使用这一技术,目前仍然存在不少障碍。主要表现在如下两个方面。

1. 下送风是由活动地板形成的一个大的送风箱,使得通信机房的空调送风远近均匀,所以活动地板的好坏直接影响空调效果。由于地板质量不好,或是施工、管理不当都会造成送风短路,未能到达最远处通信设备机架,使得机房内区域温差较大,不利于通信设备正常工作。因此下送风的空调效果受到活动地板的质量、施工、维护管理多方因素的影响。

2. 由于地板下送风静压箱内风速不高,如果运行管理不善,容易造成架空地板下个别区域积尘。长期运行下来,检修时再不注意,积聚的灰尘受扰动后有可能落到程控交换设备元器件表面,增加故障率,可能引起设备障碍、短路等问题。

采用地板下送风天花板上回风,在设计中需要注意以下问题。

1. 保持活动地板下一定的均压静压值。机房内高架活动地板下的空间作为送风库,通风截面积大,截面竖向间隔有许多活动地板的支架,截面横向上间隔甚至重叠有许多电缆及通信线缆线槽,所有这些都造成空气沿送风方向上的压力损失。在线缆、线槽安装时应尽量避开空调机组,比较大的线槽方向宜与气流方向平行安装。如果送风距离较长,空调机组的机外余压虽能克服最远端的阻力损失,但会造成送风近端和远端有较大的压差,不利于保持均匀的静压值,因此要尽量地控制地板下的送风距离。一般送风距离大于 25 m 时,空调机组宜两侧分别布放。

2. 保证高架地板架空高度。大中型机房高架地板敷设高度宜在 400 mm 以上,有条件时应该尽量增加静压箱高度,保证在安装了大量线槽、线管后,仍不影响气流畅通。地表面应铺设保温材料,以防止冷量损失,在潮湿的季节里还可避免下层天花板结露。

3. 控制活动地板下送风风速。风口板送风类似于局部孔板送风,要求送风风速小于 3 m/s,送风均匀。根据机房内设备集中布置的特点,为将局部大量的显热量带走,送风口需集中布置在设备前方进风口,在全压一定的情况下,这样会造成静压箱局部断面动压增大,静压减少。另外,由于空调送风量较大,在集中布置的风口附近不宜再设置风口,否则有可能会变成吸风口。为避免这种现象发生,在风口板上宜安装调节阀,来调整局部的静压、动压值,以达到最佳送风效果。

4. 送回风风道净化处理。灰尘落在电子插件上,会产生尘膜,既影响散热又影响绝缘效果甚至引起短路。同时灰尘也增加元件表面的热阻,导致元件过热而烧毁,所以机房应按 A 级机房内的尘埃标准设计。地板下和天花板上的送回风风道需做净化处理,装饰材料宜选择不起尘、不吸尘的材料。

5. 人员较多的房间不宜采用这种送风方式,因为送风温度较低,一般低于 17 ℃,从底部送风,工作人员会有不舒适的感觉。

4.2.2 上送风侧回风方式

对于机房无防静电地板或防静电地板高度过低(<150 mm)时,或机房防静电地板下部有过多障碍物(如通信线槽等)妨碍通风时,可考虑选用上送风机组。上送风方式是把空调机组处理过的低温空气通过送风口送到通信设备上部,带走通信设备和机房的热量,通过机房下部回风区域(一般在侧墙上安装回风口)回到空调机组内,进行冷却降温处理,再循环使用。上送风分为两种形式,即风帽送风和风道送风。

1. 风帽送风

风帽送风就是空气经专用空调处理后,经由风帽及百叶风口,以贴附射流形式,沿天棚送到对面墙上。如图 4-4 所示,在进入工作区前,其风速和温差可以充分衰减,整个工作区处于回流中,使工作区达到均匀的温度和合适的风速,在整个房间截面内形成一个大的回旋气流。一般设置在负荷小于 300 W/m² 的机房内。

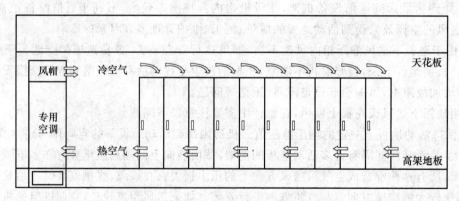

图 4-4 上送侧回气流组织(上部风帽侧送风)

此送风方式的优点如下。

(1)系统简单,运行可靠,设置位置灵活。对机房的要求也较低,所以在中小行机房中采用较多。

(2)维修方便。因为通信设备是上走线方式,机房内没设活动地板,空调机组所需加湿给水管、凝结水排管均为明布置,一旦有漏水现象,能快速发现,及时排除,消除引起机房不安全的因素。

(3)机房较洁净。机房内没有活动地板,不易积灰,即使房间内有灰尘,清理打扫也很方便,从而使空调机组的过滤网使用时间长,减少维护管理的工作量。机房内空气均经过空调机组过滤,随门窗缝隙进入机房的灰尘,可及时被过滤出。

（4）通信槽道布置灵活。因上送下回方式机房内无防静电地板，通信设备走线为上走线，设置位置选择余地大。

除极少数例外情况以外，绝大多数机柜安装服务器的设计为从前面吸入空气，从后面排出空气。如果机柜都朝向一个方向，则第一排机柜排出的热空气在通道中将和供应空气或室内空气相混合，然后进入到第二排机柜的前面。图 4-5 中显示的是在高架地板环境中的这种布置。由于空气连续通过各排机柜，IT 设备的入口空气注定是较热的。如果所有各排机柜的布置使得各个服务器的空气入口都朝向同一方向，则设备的功能难免会不正常。不仅在高架地板环境是如此，在普通地板也是如此。

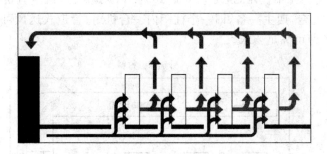

图 4-5　热通道和冷通道没有隔开的机架布置

风帽送风缺点如下。

（1）送风噪声大。由于上送风方式是直接将风吹到机房内或是用送风管和送风口送到机房，所需送风机的机外余压相对下送风要高，再则上送风没有了活动地板，上送风本身的风声也比下送风要高，因此，同样规格的空调机组，即使选用消声材料制作送风风帽，噪声还是比下送上回方式大。

（2）降温不均匀。上送风的空调送风方式是由机房的上部送到通信设备，与热空气交换后，从机房的下部回到空调机组内。机房的送风气流组织与空气流动特性相矛盾，冷气流从上往下降，通信机柜热气流由下往上，互相顶牛，严重时冷空气被热空气托在机房上部，失去对通信机柜的降温作用，从而使得房间最下部温度偏高，不利于通信设备的运行。正对着空调机位置的送风温度低，人员经过空调机组前，冷风感非常明显，其他位置温度较高，整体温度不均匀。存在明显的冷热空气短路现象，制冷效率低，仅应用与小型数据中心机房、热密度较低场合。

（3）风帽上送风机组的有效送风距离较近，有效距离约为 15 m，两台对吹也只达到 30 m 左右，而且送回风容易收到机房各种条件的影响（如走线架、机柜摆放、空调摆放、机房形状等），所以机房内的温度场相对不是很均匀。此种送风方式还要求设计考虑机组回风通畅，距离回风口前 1.5 m 以内无遮挡物。

2. 风道送风

风道式送风就是空气经专用空调处理后，经由静压箱、支风道、出风口，送至通信设备机柜前，直接降低设备及周围环境温度。如图 4-6 所示。风管上送风工程造价高于风帽送风方式，安装及维护也较为复杂。在风帽上送风无法满足送风距离，空调房间又要求各处空调效果均匀的场所，一般推荐采用此种送风方式机型。这种送风方式有着风帽送风不可比拟的优势：

（1）距离远、送风均匀。支风道为有压风道，属于有组织送风，送风距离可达 20 m 以上，这一点至关重要。送风距离远可以最大限度地发挥机房专用空调制冷量大、风量大的优势,是一般舒适性空调不可替代的。

(2)风口设置位置灵活。风口可设置在机柜上方。使通信设备得到最迅速的冷却。风口可集中布置在散热量大的机柜上方,其他机柜依靠自然回风降温;风口也可均衡布置,即满足使用要求,也比较美观。

(3)可减少机房内专用空调机组数量,降低成本。风帽式送风的空调数量一般会考虑机房横向宽度,两台空调机间距一般为 5～6 m,基本是一个柱距内一台,这样可保证送风均衡。而风道式送风的空调机组不须考虑机组间距离,只要总制冷量满足通信设备散热量及其他负荷就行。以机房长度为 4 个柱距,机房总负荷 200 kW,风帽式送风空调机一般会考虑制冷量为 58 kW 左右机组五台,四主一备,即一个柱距内一台机组;管道式送风可选用制冷量 72 kW 机组四台,三主一备即可满足要求。

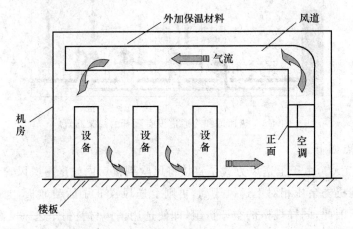

图 4-6　上送前回气流组织(风道顶送)

风管上送风缺点如下。

(1)对机房的层高有较高的要求。为了让风管安装后房间仍有较为合适的高度,机房层高最少需要 4.2 m。现在通信机房如无特殊要求一般为上走线。机房内不设置防静电地板。通信设备机柜最高 2.20 m;上走线槽道高 400 mm,一般设计两层,共 800 mm;走线槽道距离送风支风道不小于 100 mm,支风道本身高 200～300 mm;气体灭火管道及喷头最小需要 150 mm(喷头上喷),如气体灭火管道穿梁则不考虑这部分空间;机房内天棚下梁高 700～900 ram。则共需最小层高＝2.2+0.8+0.1+0.3+0.8(+0.15)＝4.20～4.35 m。

(2)缺少灵活性。风道式送风方式均为一次设计、安装到位,而一旦支风道安装完成,机房内通信机柜位置就已经固定死。而通信机房设备很少有一步到位安装的,基本都是分几期工程设置,随意改动第一次设计的机柜位置,就可能造成出风口在机柜正上方,影响降温效果。并且改造机房采用风道式送风存在安装困难等问题。

(3)增加送风静压箱、管道、风口等造价。对于体积较大的通信机房,为了空调送风均匀,需要增加送风管,机房上部因通信走线桥架、空调风管、照明灯具等的布置,显得比较杂乱,没有下送风方式机房整齐美观。

(4)容易与机柜走线槽道,机房内灯具位置发生冲突,需与其他专业密切配合。

设计要点如下。

(1)空调机组与静压箱之间设置手动阀门,方便主备机倒换。

(2)支风道上设置手动调节阀,调节各风道送风量。

（3）因没有带调节风量装置的送风口，且要在每个送风口前设置手动调节阀，必须从支风道向下做出一个约 350 mm 长短管，相对于支风道 200～300 mm 高，相当难看，影响机房整体美观性。可在散热量大的机柜附近加密设置送风口，用数量来满足冷量的不足。

常见的风管上送风系统有两种方式：一种为每台空调机组接风管向外送风，另一种为空调机组送风到静压箱，由静压箱向外引风管送风。第二种送风方式的优势是容易实现备份冗余，空调中有一台停机后，剩余空调机组的冷量仍可以经由静压箱送到机房的每个区域；劣势是需要做较大的静压箱，需要较大的空间，费用也较高。

风管上送风需要对风管系统结合机房情况具体设计。送风的风管可分为主风管和支风管，主风管一般从空调机组或静压箱直接引出，支风管引自主风管。机房内的风管系统宜采用低速送风系统，主风管送风风速可取 8 m/s 左右，支风管送风风速可取 6.5 m/s 左右，风管的宽和高的比尽量不要大于 4。机房内的静压箱一般安装在空调上部，由空调送风口从下面送入静压箱，静压箱宽度大于 2～3 倍空调送风口尺寸，静压箱高度一般为 1 m 左右。风管送风口的风速一般为 5 m/s 左右。以上数据为根据规范精选的常用数据，有可能风管系统设计与此有差异。

部分较早前建设的运营商机房在热负荷较小的情况下，多采用风管上送风方式送风，随着服务器数量与密度的提高，风管上送风方式存在制冷效率低、建成后不易调整、噪声高等缺陷。

大多数机柜的冷却的进风口是在下部或前方，排风口在机柜的上部。这样，顶部的送风气流先与机柜处上升的热气流混合，再进入机柜冷却设备，影响了机柜的冷却效果。由于机柜进风温度偏高，机柜内得不到良好的冷却效果，必然造成机柜内温度偏高，导致设备不能进行工常的工作。

采用上送侧回的气流组织，对于散热量较大的机房，只有采用较低的送风温度（13～16 ℃），来维持机房内温湿度以及机柜散热的需要，这样会造成能源的浪费，而且较低的送风温度对工作人员也带来不舒适的感觉。

上送侧回（前回）方式通常可在建筑层高较低时，机房面积不大时采用，但要保证送回风气流畅通，不被设备阻挡。空调机组送风出口处宜安装送风管道或送风帽，如采用管道送风，送风口可使用散流器或百叶风口。回风可通过室内直接回风，如有不同空调房间时，也可采用管道回风，但较少采用地板下回风。

4.2.3　弥漫式送风方式

弥漫式送风，其制冷原理是依据冷热空气的热力环流进行设备的冷却。如图 4-7 所示，冷空气由空调下部送出，在地板平面流动，依据流体力学原理，冷空气分布在机柜的中部和下部，在机柜周围形成冷空气的"包围"，空气受热后上升，在房间内依靠"热动力"流动。

机柜在底部吸入冷空气，计算机或机柜本身的强制通风设备完成空气的循环，受热的空气由机柜上部排出。在机柜上安装回风格栅，使机柜内服务器排除的热风通过服务器机柜上部的风扇吹入到空调回风格栅口回到空调回风口，形成良好的循环。

相对于下送风方式，弥漫式送风不需要架空地板，而单位面积的热负荷可提高 10%，同时房间层高降低。这种送风方式适用于小型机房，且送风距离宜控制在 15 m。由于机柜被冷空气包围，相对于下送风方式，弥漫式送风方式下机柜的冷却效果更佳。

而对于上送风方式，弥漫式送风方式不需要风管，避免了房间的温度的不均匀的情况的发生，同时可以节能 10%～20%，降低空调制冷量需求 10%。

弥漫式送风方式的优势在于：单位面积热负荷提高 10%；降低机房建筑层高要求；节省安

装费用;节省运行费用多种冷却方式,包括风冷,水冷,乙二醇冷却,乙二醇自然冷却,冷冻水,双冷源等;配合用户室外的综合现场条件对冷却的要求,储液罐式冷凝器,可保证机组在环境温度低至一34.4℃都可正常运行。

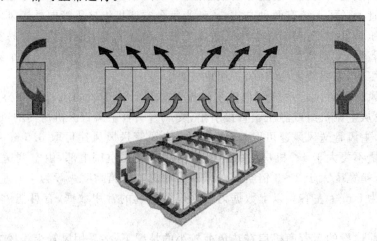

图 4-7　弥漫式送风方式送风的气流循环

4.3　机架级气流组织

机架级气流实际上是气流组织的核心,而又经常被忽略,这就是大部分机房冷却不良的根源。曾经遇到在一个级别非常高的机房里,有一个机架冷却效果很差,经现场检查发现,在下送风的机房里,这个机架的前进风后排风底板居然是封闭的,机房通道中又无地板穿孔透风。类似这样的情况还有很多,在这样的使用方法下,机房空调配置得再多,机房气流组织再好,也无法得到良好的利用。因此,机架的排列和机架的结构,成为机架级气流组织的重点。

4.3.1　机架的排列

下送风方式是将低温空气直接从架空地板下送到机房或机架内,吸收设备的热量后,从机房顶部回风。这种方式下,冷、热风流动方向与空气特性相一致。冷、热风可以自然分离,容易得到好的制冷效果。而上送风方式,冷空气往下沉,热空气往上升,容易发生冷、热空气掺混,影响制冷效率。

另外,地板下的空间比风管断面的面积要大许多,这就形成了静压箱,因此下送风方式送风均匀,整个机房区域的温差小。

综上所述,下送风方式比上送风方式的制冷效果更好。IDC机房由于其发热量大,一般认为下送风方式比较适合。

对于下送风方式,如果采用在架空地板下走线的方式进行布线,并且布线杂乱,会阻挡气流从下方往机房里送。如果空调采用下送风,则最好采用上走线方式。如果无法采用上走线方式,也要将架空地板下的线缆用管道收纳,排列整齐,避免阻挡出风口。

每列机架的朝向也是一个问题,在早期,因为要保持机房的美观整洁和操作、管理等方面的原因,把每列机架都朝向一个方向,如图 4-8 所示。这很容易造成前排吐后排吸的现象,后排的机架进风温度明显高于前排,机房温度分布严重失衡。

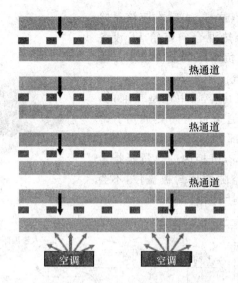

图 4-8　不良的空调列架配合

美国 2005 年 4 月发布的 TIA942《数据中心通信基础架构标准》中要求机房内计算机设备及机架采用"冷热通道"的安装方式，如图 4-9 所示。

图 4-9　冷热通道示意图

减少机柜形成的热通道的数量，采用机柜面对面或背对背的冷热通道布局，减少回风距离。还要规范好过道布局，减少冷热空气的混合，注意空调位置。"冷热通道"的设备布置方式，打破常规，将机柜采用"背靠背、面对面"摆放，在两排机柜的正面面对通道中间布置冷风出口，形成一个冷空气区"冷通道"，冷空气流经设备后形成的热空气，排放到两排机柜背面中的"热通道"中，空调机组的回风口如能正对着热通道，回风容易且回风温度高，使整个机房气流、能量流流动通畅，提高了机房精密空调的利用率，进一步提高制冷效果。

采用下送风上回风方式，冷风从机架下方竖直往上送，经过机架设备的加热变成热风，由上方回风。但是，由于机架内设备平行与地面，且大小与机架截面尺寸相当，下方吹上来的气流大部分会被设备本身阻挡，造成位于机架上部的设备不能得到很好的降温。针对这种问题，可以通过对机架进行改造来解决，比如，增加机架的厚度，给冷风留出自由上升的通道，这样就可以改善机架内部气流受阻挡的问题。

回风口可安装在天花板上，也可以利用穿孔的铝天花板回风，它的孔径不能小于 2 mm，穿孔面积应在 15% 以上。回风同样也是利用天花板与楼板之间的构成的静压箱回风。

当数据中心按照气流组织的方式进行机柜摆放时，其冷通道与热通道的气流就会有互相流窜的可能性发生，而影响空调机组的制冷效率，更为严重的热空气流窜到机柜的正面与冷空气混合后再给 IT 设备制冷,这样一来,本应该是冷空气制冷,现在却变成了冷热混合空气给 IT 设备制冷,明显满足不了当今高负荷下的制冷要求。图4-10 就是出现这种情况的气流组织图。

但冷热通道之间,在机房空间中还是贯通的,再进一步的做法是封闭冷通道或封闭热通道。冷通道机柜将输送到机柜内部的冷气以最节约有效的方式全部输送给散热设备,机柜内的热量延指定方向输送出机柜。设备间空隙使用封板盖住,不会引起热气回流。冷热通道封闭如图 4-11 所示。

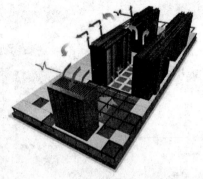

图 4-10 冷热通道之间气流互窜

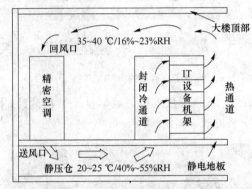

(a) 冷通道封闭示意图

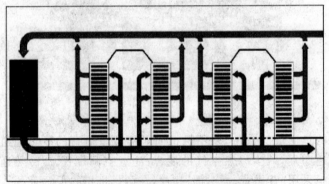

地板下送风+封闭冷通道时气流循环示意图

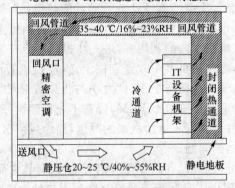

(b) 热通道封闭示意图

图 4-11 冷通道和热通道封闭示意图

经模拟计算,封闭冷通道比封闭热通道的效果要好,在机架前面板平均风速不同的情况下,封闭冷通道可以使设备得到更低的进风温度,只有达到 1.3 m/s 的风速后,两者的效果才趋于一致。但封闭冷通道对设备操作人员会带来不便,在冷气流的吹拂下工作的舒适感会很差,而封闭热通道可以提高操作人员的舒适感。

图 4-12 给出的是封闭冷热通道的区别。封闭冷通道是目前最好的方法,对于设备进风温度的保障性最好,造价也不是很高,只要用透明玻璃对机架间走廊的顶部封闭,走廊两侧做横移门即可。机架底部无须开口,气流完全可以从前面板进入设备。

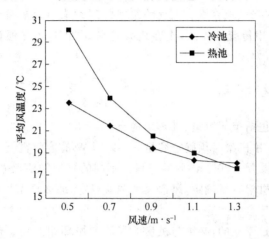

图 4-12　封闭冷热通道的区别

隔离冷通道之后,未安装机柜盲板的情况时有发生。当机柜的正面没有在未安装服务器的 U 立柱上安装满足的盲板或者前面与后面有相通的孔位,其机柜前面从地板下送上来的冷风就会从缝隙中或者未安装盲板处流向热通道,与热空气发生混合,增加空气制冷负担,降低冷气利用率。

走廊的地板开孔,使架空地板下的冷气均匀上送,走廊又成为地板静压箱的延伸,使气流均匀度达到最佳。封闭热通道的效率比较高,由于直接约束设备排出的热气流能提高空调回风温度,因而可充分使用空调制冷系统的冷量,进而提高制冷量和效率。

但无论是封闭冷通道还是封闭热通道,由于机房中气体消防系统的存在,都必须考虑消防预警通知和逃生通道的问题。比较简单的做法是在封闭的通道内加装消防警铃和消防面具等。

除了以上所讲述的冷热气流乱窜的问题,还有以下的这些事情需要多留意,以免冷通道虽然做了隔离,但是实际上效果却不怎么显著。

1. 静电地板的净空高度应该根据数据中心内部的 IT 设备密集的大小来定义,一般按照450 mm 以上布置最为妥当。

2. 静电地板下的送风速度应该保证在 1.5～2.5 m/s 之间(这个用风速测试仪可以测试得出来)。

3. 静电地板下面不能有走线线槽,即使有少数几根线缆需要走,也要处理好走线孔。

4. 机架必须按照“背靠背,面对面”的摆放方式,并且采用上走线的网格桥架便于散热及气流组织。为保证回风风速,尽量不要将走线塞满后部空间。

5. 隔离冷通道后,IT 设备的布局应该是按照发热量的大小从下往上进行布置,因为机柜下端得到的风量比上端更加高些,这样更加有利于合理利用冷气资源。降低空调利用率,节能减耗。

6. 机架的摆放位置距离精密空调的距离至少为 1 800 mm,主要是为了减少列头机架的空气倒吸入到静压仓中。

7. 为加快机架内冷热气体快速进入与流出,可以考虑增加机柜门的开孔尺寸,但机柜尾部的线不能增加到机柜门的开孔区域,特别是不能阻挡住 IT 设备的出风口,这点非常关键。

8. 为防止气流乱窜,必须保证机架的进风与出风口是隔离的,也就是说在 IT 设备没有到位的情况下,我们应该用挡风板将没有用到的位置封闭起来。机架两侧位置也必须要密封起来。所有的线缆不再使用传统的方式,走在机架的前部两侧,而是通过理线器从机架的后端进线。

4.3.2 机架的精确送风

单机架的气流组织包括单架容量、进风结构、封闭空位。

气流是冷量的载体,单机架必须确定容量,一般 1 kW 的容量需要 300 m³/h 的气流,如果 6 kW 的中密度机架,就要配 1 800 m³/h 的风量。不同的风量需要尺寸不同的风道,这是计算机架风道的基础。一旦机架容量确定,风道尺寸也就确定,那么机架再增加容量就会出现风道偏小而无法提供更高冷却量的问题。

机架的进风结构不是孤立的,必须与机房的气流大循环相匹配。包括是底部进风还是前面板进风,前面板封闭还是开孔,后面板封闭还是开孔,前面板腔体的体积,后部接线的空间设计等。这些问题不能合理解决,气流将严重受阻,冷却效果明显低于预期。

封闭空位是最基本的要求,例如,上下服务器间的空位没有封闭,由于气流类似于电流,阻力小的路径更容易通过大的气流,因此未封闭的空位使气流白白流走而未带走热量。如图 4-13所示,安装盲板可以防止冷却空气绕过服务器上的入口,并防止热空气循环。

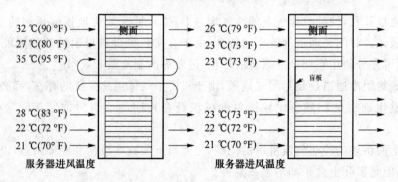

图 4-13　安装盲板对服务器空气入口温度的影响

所以,机架不应该只是考虑如何能装下多少设备,而是需要进行内部布局,如风道在哪里,布线在哪里,设备之间的空 U 位怎么处理等。以前那种底部进风、顶上设置排风扇、前后面板封闭、机架内无任何进排气阻隔的机架,只是把机架当成"烟囱",完全没有考虑设备是前进风后排风的。因此,机架必须经过周密的结构设计,充分考虑设备的热过程,才能使机房的气流应用达到最好。

由于 IDC 机房中每个机柜的设备发热量都很大,没有足够的冷量进入机柜是无法解决设备冷却问题。为了解决这个难题,中国电信的《数据用网络机柜技术规范》确定了精确送风的原则如下。

1. 把冷气输送到机柜里面去：因为是机柜内设备需要冷气。

2. 把冷气输送到机柜的正面去：因为冷气只能从服务器正面进入服务器机箱,发挥制冷作用。

3. 精确调节每个机柜的进气量：因为机柜内设备发热量不同,需要的冷量也不同。

4. 不让机柜内的冷气随意流失：因为只有进入服务器的冷气才真正发挥制冷作用,所以应把冷气聚束在服务器正面空间。

精确送风可以分为下进风和上进风方式,下进风机柜和上进风机柜的结构功能和气流组织布局详见图 4-14。

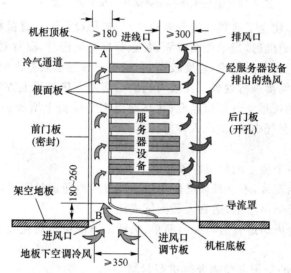

(a) 下进风机柜外观结构和气流组织

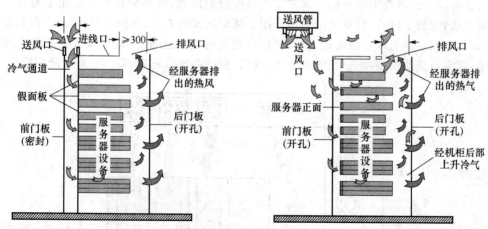

(b) 上进风机柜外观结构和气流组织

图 4-14　下进风和上进风机柜外观结构和气流组织

所谓下进风方式,就是在机柜底部开一个可调节风量的进风口,将架空地板下的冷空气输送到机柜前面专门冷气通道而不流失;而上进风方式从气流组织原理上基本与下进风方式相同,唯一不同的进风口设在机柜顶上。

图 4-15 为下进风机柜精确送风气流组织示意图。

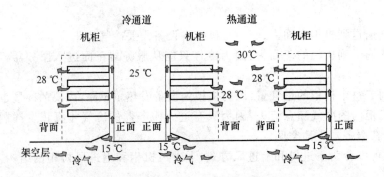

图 4-15　下进风机柜精确送风气流组织示意图

在精确送风条件下,建立了冷热气流分隔通道,与机柜设备工作直接相关的是冷气通道。

采用精确送风方式的机房,当采用面对面、背靠背排列机柜时,面对面过道属于冷通道,温度比较低,而背靠背过道属于热通道,温度较高,会出现冷热过道温差大的现象,有必要对机柜环境热空气回流和冷气均衡进行处理。比较可行的措施是在热过道上方安装回流风管或者安装回流接力风扇,加大热通道空气回流速度;在热通道架空地板上增加一些通风小孔,让一部分冷气流出与过道内热空气中和,提高人体舒适度。

下进风机柜优点如下。

1. 每一个机柜是一个独立的封闭冷风通道。

2. 机架可分批分期安装,不会破坏已使用机柜独立的冷通道封闭环境。

3. 两排机柜之间是热风通道,适宜人员测试或施工。

4. 每一个独立的冷风通道开启与关闭简单、灵活。方便单机功耗大小不同时通风流量调节,方便检测与施工。

缺点是每一个机架的空闲部位需及时进行封堵。

为了解决上送风自由射流的冷却方式不可控制的问题,有部分机房中采用了通风中的岗位送风方法,加装了风管,做得更细致的采用了精确送风的方式,如图 4-16 所示。但只要用风管,就会出现风管成为单点的可能,阻碍了机组之间的气路互备。而且,风管的布置占用机房空间多,容易与其他管路冲突,系统的分支、阀门、控制都比较复杂,最终很难大面积推广。

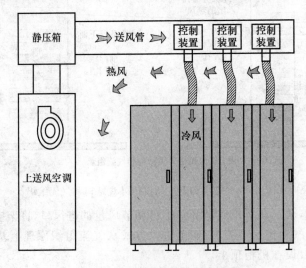

图 4-16　风管直送精确送风方式

精确送风方式的优势在于实现了定点、定量输送冷气,大大减少了冷气的浪费。更重要的是,精确送风方式实现了冷、热气流通道完全分离,在一定程度上颠覆了传统机房环境温度的概念。

精确送风方式的应用,改变了传统机房环境温度的形成机制,不但可以提高机房设备散热降温效果,还为空调节能创造了有利条件。但有提升机房环境温度指标,有大量相关工作要做,特别是人的舒适度影响问题和蓄电池不能耐受高温问题必须妥善解决,否则一味提高机房环境温度,不见得能得到期望的理想结果。

4.4　气流分配系统

由于过去机房负载密度小,不正确的气流分配不会造成严重的问题。然而越来越高密度的负载,开始考验现在的气流分配单元,使一些问题逐步显现出来,例如所有机柜朝向同一方向设计,大多数情况出于美观的考虑,但实际上耗费了冷量资源和成本,下面介绍有关气流分配中送风口与回风口的设计。

机柜内气流路径和机柜布局是引导空气流通改进制冷效果的关键因素,但要确保最佳制冷效果,还有一个关键因素:送风口与回风口设计。

通风口的位置不当会使冷空气在到达设备前与热空气混合,从而引发上述各种效率问题和额外成本。送风口或回风口位置不当的情况很常见,几乎会抵消所有冷热通道设计的优势。

送风口设计的关键在于将其置于尽可能接近设备进气口的位置,将冷空气限制在冷通道内。对于地板下送风方式的机房,意味着要将打孔地板放置于冷通道内。上送风与下送风系统一样有效,但关键还是要将回风口设置于冷通道的上部,而且这些通风口的设计必须能引导空气向下进入冷通道(而不是横向扩散)。在上送风系统与下送风系统中,任何通风口若位于不运行设备的区域,均应暂时关闭。因为这些通风口会阻止回风进入制冷系统,从而降低湿度。

回风口设计的关键在于将其置于尽可能接近设备排气口的位置,并从热通道收集热空气。在有条件的情况下,可以使用架空吊顶回风,这样回风口便可以轻松与热通道进行协调工作。当使用高敞开式整体回风天花板时,最好是将制冷系统的进风口尽可能地调高,并用管道连接热通道上方的回风口,以协调进风口与热通道。即便只有少数几个回风口与热通道协调的简单回风系统也比房间侧面的单一大型回风口效果要好。

对于没有活动地板或管道系统的小房间,上送风系统与下送风系统通常位于墙角或墙边。在这些情况下,很难协调冷空气的输送和热空气的回风,系统性能会受到影响。表 4-1 是送风口与回风口设计缺陷及后果的总结。

表 4-1　送风口与回风口设计缺陷及后果

设计缺陷	对可用性的影响	对总成本的影响	解决方案
热回风位置不在热通道上方;吊顶灯带有回风口,且位于冷通道上方	形成热区,特别是在机架顶部;冷却冗余降低	增加电气成本;降低了机房空调制冷量;需要加湿器;耗水量增加	将热回风口置于热通道上方;不要使用在冷通道上有回风口的灯,或阻塞冷通道上方的回风口
架空送风口在热通道上方;地板送风口在热通道中	形成热区;冷却冗余降低	增加电气成本;降低了机房空调制冷量;需要加湿器;耗水量增加	对于架空输送,始终将架空送风口置于冷通道上方;对于活动地板,送风口始终置于冷通道中

设计缺陷	对可用性的影响	对总成本的影响	解决方案
地板送风口附近无设备;架空送风口敞开,上方无设备;活动地板内安装管道、电缆和通道孔	小	增加电气成本;降低了机房空调制冷量	封闭通风口,或在无设备的位置打开
在天花板区域,回风口位置低	机房空调容量降低;冷却冗余降低	增加电气成本;降低了机房空调制冷量;需要加湿器;耗水量增加	将吊顶用于回风口强制通风,或延长管道以收集顶点的回风

　　对于上送风设备,将其置于热通道的一端,并通过管道将冷空气送至尽可能远离制冷设备的冷通道。

　　对于下送风设备,将其置于冷通道的一端,并添加吊顶强制通风口或悬挂管道回风口,回风口位于热通道上方。一项关于回风位置不当的调查显示,根本原因主要是:个人感觉一些通道冷一些通道热,并认为这种情况不正常,试图通过将冷空气出风口移动到热通道并将热空气出风口移动到冷通道来加以调整。设计合理的机房旨在达到最佳工作状态,即冷热空气分离,但人们通常认为这是一种缺陷,他们会采取一些措施来混合空气,因而降低了系统效率并增加了成本。

4.5　气流组织设计案例

1. 案例描述

　　某供电局信息机房面积约 60 m²,如图 4-17 所示。机房内设备主要为高密度服务器机柜和网络设备。天花和地板间高度 2.4 m,天花顶高度 90 cm,地板内高度 13.8 cm,机柜过道70 cm。没有新风系统,使用两台常规空调散热,制冷量为 25 kW 和 12 kW。室内环境温度基本维持在 23～26 ℃,服务器机柜内温度 32～35 ℃。

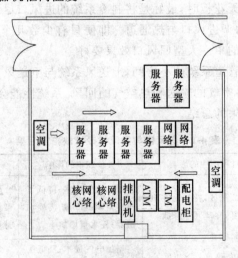

图 4-17　机房平面图

2. 案例分析

该案例主要有以下问题:机房物理结构不能达到标准机房的建设规范要求。该机房气密性不佳,经常有人员出入;设备密度高、热源突出;机房未能有序气流组织,冷热气流交叉混乱;空调位置不合理,制冷效率低。

(1) 机房热负载计算方式对机房状况进行分析如下。

设备热负荷累计为 26.7 kW(预测机房满载设备热负荷可达到 37.2 kW);其他热负荷累计为 5 kW(估算值);机房热负荷为 31.7 kW。该计(估)算值和按机房发热量 0.45 kW/m^2 取值方法计算基本一致。

目前机房空调制冷量为 37 kW,理论上基本满足机房制冷要求。但是由于制冷设备布局上的不合理和机房密封性影响,该制冷量估计只有 80% 效率。也就是说空调实际制冷量仅 29.6 kW,不能满足机房热负荷的制冷要求。当空调发生故障,将使整个机房变得危险。

(2) 空调布局需要调整,或需要增加送风设备来组织气流。从现场情况看,主要的一台空调(制冷量为 25 kW)处于非常不利的安装位置,70% 冷风正好被密封的机柜侧门挡住,无法有效送出冷风,更不用说利用其强送风能力去组织气流。两台空调之间的过道是机房的最大热源,空调对吹和机柜过道侧排出热气并不能很好形成冷气送热气回的良好循环,反而造成冷热气流的紊乱。

(3) 设计前送风回风模型考虑。在气流组织设计方面先看一下目前认为最佳的气流组织模型——下送风上回风模型,如图 4-18 所示。

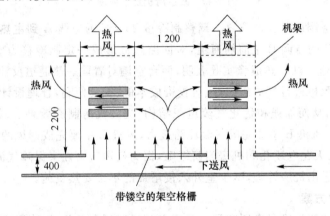

图 4-18　最佳送风模型

但由于机房物理条件受限显然无法把机房气流组织设计为最佳。地板过矮,地板内走线过于密集,是这个方案无法采用下送风上回风模型的最大原因。但不管下送风还是上送风技术实现难度和成本也比较高,需要把天花和地板构架成一个静压箱,当用户需要接风管的时候,风管过长还需要采用增加风机系统来弥补。还有这两种送风方式要面临另一个易被忽视而重要的问题——侧流风。侧流风产生的主要原因是机房地板或天花的线缆孔等的密封性不佳和装修质量问题所引起。有数据表明侧流风成了现在机房的头号问题,从而造成巨大的能量流失。

水平送风属于现在新兴的机房送风方式,主要是在并联机柜中间安装水平送风空调。这种模式对已投运机房调整变动过大,而且一般只能采用专用的空调,投资较大,原有设备没有可利用性。

3．气流组织设计

由于地板过矮，并且设备已经投入运行，调整和改造不适合变动过大，为此采用了气流组织设计优化方案。方案采用侧面送风的气流组织方式，可以有效利用原有设备。增加三台风机进行气流组织，提高空调制冷效率，均衡机房温度，消除突出热点，从而达到投资的最佳回报，如图 4-19 所示。

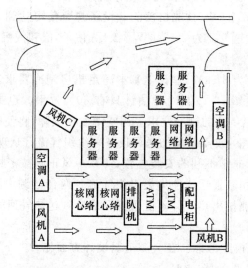

图 4-19　改造后机房平面图

（1）调整原有空调设备安装位置。调整制冷量 25 kW 的空调 A 到主热通道，快速带走主热气流；调整 12 kW 的空调 B 至前热通道，对回路气流形成一定制冷接力效果。不能让两台空调对着同一热通道。红外热成像实验表明，两台空调对着同一热通道反而会造成热点增加。

（2）增加三台风机进行气流组织，风机投资成本低、安装便利，合理设计可使机房送风、回风和风流接力有效，从而加强和优化气流组织结构，提高机房制冷效果。风机 A 主要带走后排狭窄空间的热风，风机 B 主要完成气流环路接力，风机 C 主要完成回风的作用。

（3）封堵地板、天花电缆孔和机房门窗缝隙，提高机房气密性来保障气流组织。

（4）加强人员进出机房管理，减少室外入侵增加的不必要热负荷。

4．进一步优化方案

（1）更换常规空调为机房专用空调。常规空调运行可靠性差，制冷温度高（最低制冷温度一般为 18 ℃），这是优化更换的首要原因。专业机房空调元件可以满足全年运行，送风风速高，风量大，制冷可以达到气流组织的最佳送风温度值 15.6 ℃。

（2）改变原有面排机柜面对背的布局方式，采用机柜面对面或背对背的冷热通道布局，减少机柜形成的热通道的数量。

（3）在个别高热负荷的机柜，可以增加机柜内辅助送风设备提高机柜热气流排放。

（4）在合理位置安装热流回风装置提高回风效率。

5．设计经验参考

（1）虽然制冷功率大于计算的机房热负荷，但并不意味可以完全解决机房的温度问题。

（2）并列机柜应采用机柜面对面或背对背的冷热通道布局，减少机柜形成热通道的数量。

（3）根据实际需求，选择合适的气流组织方式，在机房条件和投资充裕时，应尽量考虑下送风的最佳气流组织方式。

　　（4）机房布局并排机柜形成的过道宽度最小不应少于 0.4 m，尽量按照 1.2～1.5 m 的宽度标准建设。

　　（5）不要忽视装修质量和未密封的线缆孔对机房气流组织的影响。

　　（6）尽量使用机房专用级别的空调、风机等设备来保障气流组织的运行可靠性。

　　（7）机房建设中，要重视设备技术发展趋势，对机房热负荷增加需有一定的预测和考虑。

　　（8）机房改造中增加了空调、风机、回风等设备时，要重新考虑机房的气流组织合理性，避免气流紊乱，甚至造成新的热源。

　　（9）气流组织要充分考虑机房综合布线的线槽电缆问题，特别是在上下送风的设计，不应造成送风阻塞。

第 5 章　空调制冷系统的规划

通常人们把空调制冷系统看得很简单,认为只要 IT 设备运行创造一个符合要求标准的温度环境就可以了。其实不然,如何预测数据中心规模;如何解决与功率密度相关的热量问题;如何使系统达到预期的可用性;如何确定数据中心机房基础设施投资总成本,以及如何规划数据中心可持续发展能力,包括资源或能力的利用与扩充问题;如何实现系统的可扩展性、适应性和可改在性;如何兼顾系统的经济性;如何提高系统的可维护性等,都在数据中心空调制冷系统的规划设计中反映出来。

5.1　数据中心规划设计对空调制冷系统的要求

数据中心规划设计对空调制冷系统的要求包括:适应性/可扩展性对制冷系统的要求;可用性要求;降低生命周期成本要求;可服务性要求;可管理性要求;节能要求等。

1. 适应性与扩展性要求

数据中心适应性/可扩展性对空调制冷系统的要求和相应的系统解决方案表示在表 5-1 中。

表 5-1　数据中心适应性/可扩展性对制冷系统的要求

适应性/扩展性要求	
空调制冷面临的问题	方案规划设计要求
规模不断增加、无法预测的功率密度: 行业对于功率密度需求的预测显示出巨大的不确定性,但新的数据中心必须满足 10 年内的要求;同时还需要将每隔 1.5 到 2.5 年进行的 IT 设施升级成本考虑在内	提高空调制冷系统设计的适应性和灵活性,特别是要解决局部的高密度机架冷却的冷却问题,在未来的高密度数据中心中,这种情况是常见的
减少定制化设备安装的要求,代之以标准的广泛适应的工程设计: 定制化工程设计不但耗费时间,成本高昂,而且是产生潜在质量问题的关键因素,会使得今后扩展或修改安装设备变得很困难	简化或避免大多数规划和工程设计采用的定制化解决方案
适应不断变化的要求: 负载经常改变。很难知道是否需要改变冷却系统,而且通常很难确定现有系统是否能够提供足够的冷却能力	冷却系统可以确保冷却扩展后的负载要求,并且能够简单、迅速的导向孤立的大功率负载,而且无须复杂的建设和规划
允许在现有运行空间中增加冷却能力: 许多现有空间设计用于目前安装或规划的功率密度;为当前运行的数据中心和网络机房添加冷却能力非常困难,而且极其昂贵	允许改变方案提供额外的冷却能力,且有可能针对特殊的机架或设备;这些方案能够简便地安装,而且无须复杂的规划和工程设计,也不用更换或关闭现有系统

适应性要求是最重要的要求。尤其要解决高密度机架系统冷却涉及的问题,而高密度机架数量和位置在建设初期又是不确定的。通常每隔 1.5 到 2.5 年数据中心或网络机房需要进行的 IT 升级,使适应性这一问题变得更为复杂。

客户通常不能预测他们的冷却系统是否会满足未来的复杂情况,甚至在了解复杂特点的情况下也不能做出预测。

2. 可用性要求

数据中心可用性对空调制冷系统的要求和相应的系统解决方案表示在表 5-2 中。

表 5-2　数据中心可用性对空调制冷系统的要求

可用性要求	
空调制冷系统面临的问题	方案规划设计要求
消除冷热空气混合,供气和排气混合会降低 CRAC 设备的返回空气温度,同时提高 IT 设备的供气温度。CRAC 设备必须设置为提供非常冷的空气以克服这个问题,否则会严重影响系统的冷却性能	采用最大限度地减少 IT 设备排气和供气混合的系统
在满足要求的情况下确保系统的冗余;冗余系统中 CRAC 设备故障会降低冷却能力,也会影响气流的物理分配。而且冗余性很难规划和验证	在设计上,系统可以在 CRAC 设备或相关基础设施发生故障时确保所有 IT 设备的气流和供气温度
消除机架进风侧面的垂直温度梯度。 机架前方上下温度的差异可能达到 10 ℃。 这种效应无法预料,而且用户也不清楚发生这种情况的原因。这对具体 IT 设备造成了无法预料的温度压力,使在温度梯度之上的设备过早发生故障	应防止排出的热气返回机架前面区域,确保冷供气在机架中从下到上平均分配
最大限度地降低数据中心和网络机房中的液体溢出;液体溢出可能会损坏 IT 设备,导致数据中心停机;清除工作和损坏评估难度都非常大	最大限度降低数据中心对液体的需要。如果需要,则在低压或低于大气的压力下允许液体系统运行,以防止渗漏
最大限度减少人为错误;应避免特殊设计(非标准化)、文件资料不完整,不系统;变化时要求带电调整系统运行参数	采用拥有综合文件编制和防错功能的预制解决方案

一般用户普遍对确保数据中心的所有设备要求的输入温度和气流感到无能为力;甚至在负载不发生变化的情况下也不例外。用户对在数据中心执行任何冗余冷却功能的能力显得信心非常不足。

3. 生命周期成本要求

数据中心降低生命周期成本对空调制冷系统要求和相应的系统解决方案表示在表 5-3 中。

表 5-3　数据中心降低生命周期成本对空调制冷系统的要求

生命周期成本要求	
空调制冷系统面临的问题	方案规划设计要求
优化资本投资和可用空间;系统要求很难预测,系统经常会超大规模设计	采用可随要求增长的模块化系统
加快装配速度;涉及的规划和特殊工程设计需要 6～12 个月,与机构的规划周期相比这个时间太长了	简化或消除大多数规划和工程设计的定制化解决方案
降低服务合同成本;没有使用和未充分利用设备的服务合同被浪费掉了	能够随不断变化迅速扩展的系统,可减少与未充分利用的设备相关的超大规模设计和浪费的服务合同
将冷却系统改进的投资回报进行定量;冷却系统设计中的可用方案非常复杂,且成本差别非常大,难以确定方案提供的价值。尤其是系统运行的性能通常与设计性能差别很大	采用标准化设计,使系统性能能够精确预测和量化

　　用户对生命周期成本需求的关注不如对适应性和可用性要求的关注大。满足生命周期成本需求的解决方案要求采用预制的、标准化的模块化解决方案。

4. 可服务性要求

　　数据中心可服务性对空调制冷系统的要求和相应的系统解决方案表示在表 5-4 中。

表 5-4　数据中心可服务性对空调制冷系统的要求

可服务性要求	
空调制冷系统面临的问题	方案规划设计要求
缩短平均恢复时间(包括维修时间以及技术人员达到、诊断和部件到货时间);备件没有备足;大型系统要求具备维修复杂系统的装配流程	模块化系统使用现场库存或本地存储的标准化备件;简单的维修程序不要求复杂的拆卸。组件可达性设计用于实现快速更换
简化系统复杂性;系统非常复杂,以至于服务技术人员和内部维护人员不得不在运行和维护系统过程中断开负载;在危机过程中不能简便地确定系统状态;第三方控制系统很复杂、独特,而且从未进行过全面测试,因此故障状况下会出现意外行为	拥有标准化辅助设备和标准化术语的标准化系统;预制的、预先测试的控制系统安装不需要很长时间;高级诊断功能为故障排出提供详细信息
更加简单的维修程序;日常维修程序要求拆卸不相关的子系统;系统安装之后,有些维修项目不容易进行;许多维修程序要求经验非常丰富的技术人员	系统应允许内部人员执行最常见的维修程序;模块化系统带有插头式接口,维修程序不会发生任何错误
最大程度减少厂商接口;冷却系统经常会涉及多个厂商和承包商,内部人员、甚至厂商人员都很难确定哪个厂商应对问题负责,这样会浪费很多时间和金钱	利用最少的承包商,外包组件预先集成和预制的系统,很清楚某个问题由谁负责
从过去的问题中吸取教训,跨系统共享知识;特殊设计系统中一个系统的知识不能发送到另一系统。没有明确的方法将某个客户问题的解决办法与其他类似客户交流	在预制的标准化系统中,相关知识通过制造商通知和自动升级程序共享

可服务性需求中常提到的一个话题就是,用户相信冷却设备可以在设计上更加易于维修。

5. 可管理性要求

数据中心可服管理性对空调制冷系统的要求和相应的系统解决方案表示在表 5-5 中。

表 5-5　数据中心可管理性对空调制冷系统的要求

可管理性要求	
空调制冷系统面临的问题	方案规划设计要求
管理系统必须清楚的描述任何问题;冷却管理系统报告的数据经常与实际问题没有什么关系;冷却系统提供的信息很少能在故障发生时帮助进行组件水平的诊断	提供与问题症状更加相符的数据报告;消除晦涩的术语。提供可帮助在组件水平级的诊断故障的信息;提供出现问题时详细的系统性能状况信息,以便进行故障排除
提供预测性故障分析;许多冷却组件都会出人意料地发生故障或中断,或者在没有通知的情况下降级。而且没有提前的警告,以便采取可能会防止负载损坏的补救措施	以一种提前提供组件故障警告的方式为制冷系统配置仪表。对于消耗品或寿命有限的部件,自动通知剩余的预期寿命和更换时间。在必要的情况下,能调整系统性能以适应降级的消耗品
汇集并汇总冷却性能数据;冷却性能数据经常分散在单独的 CRAC 设备中,很难了解整体系统性能;单独 CRAC 设备的运行经常是不协调的	图形用户界面和自动通讯功能,基于在系统水平和具体 CRAC 设备水平整合的参数生成报告,进行管理,发出通知;系统间进行通信,防止需求竞争

在独特定制的系统中,可管理性解决方案要求的设计、安装和测试成本极为昂贵。这些要求明显的需要预制、预先测试和标准化的管理工具。

6. 节能要求

节能降耗是当代数据中心规划设计的三个重点之一,而空调制冷系统又是关键。节能降耗对空调制冷系统的要求表示在表 5-6 中。

表 5-6　节能降耗对空调制冷系统的要求

节能降耗要求	
空调制冷系统面临的问题	方案规划设计要求
资源过度供应:大多数机房采用强制通风方式盲目散热,造成制冷能量的巨大浪费,资源利用率低下;散热资源至少过度供应 1 倍以上	模块化设计,提高制冷设备适应性和扩展能力,提高设备利用率
资源孤岛现象:机房内各空调设备(CRAC)完全隔离,不能合理调度,不同设备甚至工作在相反的制冷和加热状态	提高制冷设备的智能化管理水平,协调各空调设备的工作状态
没有测量的尺度:散热设备不了解机房内 IT 设备发热状况和温度分布,只能盲目送风、"移动空气",无法按 IT 设备稳定运行温度要求供应散热资源,造成机房内温度过低,但仍有局部的过热点	改变"房间制冷"设计理念,采用机架制就近冷技术

5.2 设备发热量的组成

如何预测数据中心内 IT 设备和其他(UPS 等)发热量,是做规划之前首先要解决的问题。所有电子设备无一例外地都会产生热量。并且必须消除这些热量,以避免设备温度上升到一个无法承受的高度。数据中心机房内的大多数 IT 设备均采用了空气冷却方法。调整冷却系统的规模需要事先了解数据中心在封闭空间内的发热源和发热量。

热是一种能源,通常以焦耳、BTU、吨或卡路里表示。设备发热率通常的测量单位是 BTU/小时、吨/天和焦耳/秒(焦耳/秒等于瓦特)。没有明确原因能够说明人们为什么采用这些不同的单位,而其中任意一种都可用来表示功率或冷却性能。混合使用这些单位会使用户和相关人员造成不必要的混淆。为此,目前全球标准制订组织正着手将所有功率和冷却性能单位统一为一种,即瓦特。古老的 BTU 和吨将随时间的推移逐步退出舞台。鉴于此,本文在介绍冷却性能时均以瓦特为单位。瓦特成为通用标准并不意外,因为它大幅度简化了与数据中心设计相关的工作。

有的地区,功率和冷却性能规范仍采用传统单位 BTU 和吨。考虑到这一原因,这里提供了以下换算系数,如表 5-7 和表 5-8 所示。

表 5-7 常用单位换算关系 1

1 kJ/kg=0.429 9 Btu/lb	1 匹(PS)=2 500 大卡(kcal/h)
1 Btu/lb=2.326 kJ/kg	1 匹(PS)=2.9 千瓦(kW)
1 kJ/kg=0.238 kcal/kg	1 Btu/h=0.251 9 大卡(kcal/h)
1 kcal/kg=4.187 kJ/kg	1 kW=860 kcal/h
1 kJ/kg=0.238 kcal/kg	1 cal/g=4.187 kJ/kg
1 USRT(美国冷吨)=3.517 kW	1 USRT(美国冷吨)=3 374 大卡(kcal/h)
1 BRT(英国冷吨)=3.923 kW	1 BRT(英国冷吨)=3 312 大卡(kcal/h)

表 5-8 常用单位换算关系 2

目标单位	指定单位	乘以
瓦特	BTU/小时	0.293
BTU/小时	瓦特	3.41
瓦特	吨	3 530
吨	瓦特	0.000 283

如果 IT 设备通过数据线传输消耗的功率可以忽略不计,那么交流电源输入的功率基本上全部转换成热能。也就是说机房设备的发热量(以瓦特计)约等于其功率消耗量(以瓦特计)。

BTU/小时有时可以在数据表中见到,它不能确切地表示设备的发热量。发热量与功率输出应相同。

5.3　数据中心热负荷的组成

　　IDC 机房的热源不是唯一的,由多种成分组成。机房的热负荷应包括下列内容:计算机和其他设备的散热;建筑围护结构的传热;太阳辐射热;人体散热、散湿;照明装置散热;新风负荷等。

　　热负荷的计算方法很多,有精确算法、估算法,本文结合各种算法,针对主要热源进行精确计算。当上述各项热负荷之和确定后,就可以初步确定对空调机制冷能力的要求。对于中高档机房,应优先选用模块化机房专用空调,这样对机房将来的运行、扩容和改造都十分有利。

　　1. 服务器和其他设备的热负荷

　　数据中心机房中,最主要的是服务器,可以分成三种类型:塔式服务器、机架式服务器和刀片式服务器。其中机架式服务器和刀片式服务器可以直接安装到标准 19 英寸的机柜中。目前很多网站的服务器都采用这种方式。

　　服务器都是由电子部件组成,其原理和结构与计算机完全相同,只是功能比计算机更强,可靠性更高。

　　服务器的总功耗,就是将服务器中的各个部件的功耗叠加。当然,这些部件不是一直工作的,是间歇性运行,所以设备资料提供的是该服务器的最大功耗。机房中服务器的总功耗,就是测量机架电流和电压,电流和电压的乘积就是该机架的总功耗(kVA),所有机架的功耗总和就是机房的总功耗数。

　　计算机和其他设备的散热量应按产品的技术数据进行计算。在机房中,除了服务器热负荷外,在工作中使用的测试仪器、配电盘及电线、电缆发热等组成了其他的热负荷,由于这些发热量较小,一般可以忽略不计。但如果电缆数量大,发热严重,可以根据实际情况计算。

　　UPS 和配电系统的发热量由固定损耗和与运行功率成比例(包括乘方比)的损耗两部分组成。这些损耗在不同品牌和型号的设备间通常都是相差无几的,因此可轻松估算出来,且不会发生太大的偏差。

　　空调设备的风扇和压缩机会产生大量热量。这些热量被排出到外部环境,从而不会在数据中心内部造成热负载。然而,它也会抵消一部分空调系统的功效,因此在确定空调功率大小时通常需要考虑此因素。

　　2. 建筑围护结构的传热

　　传热的方式有三种:传导、对流和辐射。通过机房屋顶、墙壁、隔断等围护结构进入机房的传导热是一个与季节、时间、地理位置和太阳的照射角度等有关的量,要准确地求出这个热量是个很复杂的问题。当室内外空气温度保持一定的稳定状态时,由平面形状墙壁传入机房的热量 Q(单位为 kcal/h)可按如下公式计算:

$$Q = KF(t_{zp} - t_n)$$

　　式中:K 为围护结构的导热系数〔kcal/(m² · h · ℃)〕;F 为围护结构面积(m²);t_n 为机房内温度(℃);t_{zp} 为机房外的计算温度(℃)。

　　3. 从玻璃透入的太阳辐射热

　　当玻璃受阳光照射时,一部分被反射,一部分被玻璃吸收,剩下的透过玻璃射入机房转化为热量。被玻璃吸收的热量使玻璃温度升高,其中一部分通过对流进入机房也成为热负荷。

透过玻璃进入室内的热量可按下式计算：

$$Q = KFq(\text{kcal/h})$$

式中，K 为太阳辐射热量的透入系数，取决于窗户的种类，通常取 0.36～0.4；F 为玻璃窗的面积（m^2）；q 为太阳辐射热强度〔$\text{kcal}/(m^2 \cdot h)$〕。

太阳辐射热强度 q 随纬度、季节的不同而不同，又随太阳照射角度而变化，具体数值要参考当地的气象数据。但是，太阳辐射热量又与建筑有无遮阳设施、窗玻璃的厚度、窗户数量有关系。

通常情况下，根据地区的不同和年平均气温的不同，建筑围护结构的传热和太阳辐射热量以估算得出。

4. 人体散热、散湿

人体内的热量是通过皮肤和呼吸器官释放出来的，这种热量含有水蒸气，热负荷应是显热和潜热负荷之和。人体发出的热量随工作状态而异，机房中工作人员按轻体力工作处理。当室温为 24 ℃时，其显热负荷为 70 W，潜热负荷为 112 W；当室温为 21 ℃时，其显热负荷为 87 W，潜热负荷为 94 W，两种情况下，其总热负荷基本相同。当机房中工作人员较多时，必须将人员的热负荷计算在内。

5. 照明装置的散热

机房照明装置的耗电量，一部分变成光，一部分变成热。变成光的部分也应被建筑物和设备等吸收而变成热。照明设备的热负荷计算公式如下：

$$Q = CP(\text{kcal/h})$$

式中，P 为照明设备的标称额定输出功率（W）；C 为每输出 1 W 的热量〔$\text{kcal}/(h \cdot W)$〕，通常白炽灯为 0.86，日光灯为 0.1～0.2。

在机房中除了上述热负荷外，在工作中使用测试仪器、电烙铁、吸尘器等都将成为热负荷。这些设备的功耗一般都较小，可粗略按其额定输入功率与功的热当量之积来计算。此外，机房内使用大量的传输电缆，也是发热体。其计算公式如下：

$$Q = 860PL(\text{kcal/h})$$

式中，860 为功的热当量（kcal/h）；P 为每米电缆的功耗（W）；L 为电缆的长度（m）。

6. 室外空气进入机房带来的热负荷

室外空气进入机房，会带来热负荷。室外空气的进入有两种途径：主动的新风换气及由门窗缝隙侵入。

为了给在计算机房内工作人员不断补充新鲜空气，以及用换气来维持机房的正压，需要通过空调设备的新风口向机房送入室外的新鲜空气，这些新鲜空气也将成为热负荷。

通过门、窗缝隙和开关而侵入的室外空气量，随机房的密封程度、人员的出入次数和室外的风速而改变。这种热负荷通常都很小，如需要，可将其折算为房间的换气量来确定热负荷。

人需要吸入氧气并呼出二氧化碳，如果人在机房中长期逗留，就需要补充室外新鲜空气，来保证人员有足够的氧气，以保证人员的健康。数据中心机房的新风量如下。

① 机房人员取 40 m^3/h·人数。

② 维持机房正压所需的新风量。

新风的热负荷，可以根据下式进行计算：

$$Q = G(h_{新风} - h_{室内})$$

式中，Q 为新风热负荷（kcal/h）；G 为新风量（kg/h）每 m^3 空气按 1.2 kg 计算；$h_{新风}$、$h_{室内}$

为室内外空气焓值。

7. 机房加湿产生的热负荷

除了消除热量外,数据中心的空调系统还用来控制湿度。理想情况下,当调至所需湿度后,系统将在恒定空气湿度下工作,而无须不断调整湿度。但实际情况是,大多数空调系统的空气冷却功能会产生水汽的凝结,进而导致湿度降低。因此,系统需要不断补充湿度,以保持所需的湿度等级。

补充湿度造成了 CRAC 设备额外的发热负载,会显著降低设备的冷却性能,从而需要扩大制冷系统规模。

对于小型数据机房或大型布线室而言,其空调系统通过使用管道将回风与送风相隔离,结果空调将不会产生水汽凝结问题,从而不需要连续补充湿度。这样可以充分利用空调系统的性能,最大限度地发挥其效率。

对于具有大量混合空气的大型数据中心而言,CRAC 设备提供温度较低的空气,以克服高温设备的废气循环作用。这将会不断降低空气湿度,从而需要进行补充。这将导致空调系统的性能和容量大幅降低,进而要求 CRAC 系统的容量必须高出预计 30%。

CRAC 系统的规模扩大范围介于 0~30% 之间,其中 0 主要针对通过管道返回气体的小型系统而言,而 30% 主要针对在机房内拥有大量混合气体的系统而言。

5.4　数据中心总热负荷的估算

数据中心机房中,总的热量就是以上所有热量的总和,此数据是规划设计制冷设备总容量的最主要的依据。

一方面可以使用发热量数据对数据中心的每一项目进行发热分析,同时也可以使用简单的规则快速估计出一个结果,这一结果通常在详细结果的准许偏差范围之内。快速估计的优势在于评估人员无须具备专业知识或接受专门的培训。

表 5-9 提供了一个可对发热量进行快速计算的工作表。借助该工作表,相关人员将可以快速可靠地计算出数据中心的整体发热量。该工作表的具体应用在表下方的流程中进行了详细描述。建筑围护结构的传热、从玻璃透入的太阳辐射热等,因不是主要因素和计量困难,在估算时就忽略了。

表 5-9　数据中心机房发热量计算表

项目	所需数据	发热量计算	发热量总计
IT 设备	总体 IT 负载功率(瓦特)	约等于总体 IT 负载功率	_____瓦特
含电池的 UPS 设备	电源系统所配置的 UPS 设备的额定功率	空载损耗＋运行损耗＝(0.04×电源系统额定功率)＋(0.06×总体 IT 负载功率)	_____瓦特
配电设备(包括配电、变压器、谐波治理等)	电源系统额定功率	空载损耗＋运行损耗＝(0.02×电源系统额定功率)＋(0.02×总体 IT 负载功率)	_____瓦特

项目	所需数据	发热量计算	发热量总计
照明设备	占地面积(平方英尺) 占地面积(平方米)	2.5×占地面积(平方英尺)或 26.91×占地面积(平方米)	_____瓦特
人员	数据中心最多人员数量	100×最多人员数量	_____瓦特
总计	上述数据总计	发热量总和	_____瓦特

下面通过典型系统实例做进一步说明。

某数据中心占地 5 000 平方英尺,功率 250 kW,拥有 150 个机架,员工数量最多 20 名。在本例中,我们假定数据中心的容量达到 30%。数据中心的总体 IT 负载是 250 kW 的 30%,或大约 80 kW。在这种情况下,总体数据中心发热量为 116 kW,比 IT 负载高约一半。

数据中心内不同设备在总体发热量中所占的比例如图 5-1 所示。

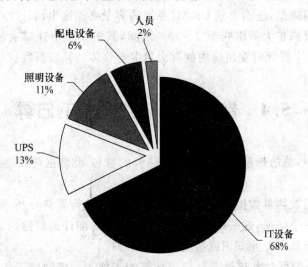

图 5-1 数据中心各项在总体发热量中所占的比例

需要指出的是,UPS 和配电设备的发热量比例有所扩大,因为系统的实际运行功率仅为额定的 30%。如果系统以 100% 的功率运行,电源系统的效率将增加,在系统发热量中的比例也会相应提高。效率的一个重大损失就是系统规模过大所造成的实际成本。

特别需要指出的是,这里讲的是系统发热量,不要等同于制冷系统的规划设计制冷量,由于空调制冷系统的制冷效率低下,系统设备制冷量要比系统发热量大得多。在确定了系统基本负荷后,还要根据以下因素调整空调制冷系统规模。

① 实际设备冷却负载的大小(包括供电设备)。

② 由于气流组织问题造成的制冷效率低下。

③ 建筑物冷却负载的大小。

④ 扩大规模以支持湿度效应。

⑤ 扩大规模以支持冗余。

⑥ 扩大规模以满足未来需求。

通过计算所有这些因素的发热量(瓦特)总和,便可以确定总体发热负载,并对空调规模进行相应的调整。

IT 设备冷却要求的确定过程可归结为一个简单的流程,并可由任意未经培训的人员完成。采用瓦特来衡量功率和冷却要求可以大幅简化工作流程。一个通用的规则为:CRAC 系统的功率必须为预计 IT 负载等级的两倍,再加上实现冗余所需的容量。这一方法尤其适用于占地面积小于 4 000 平方英尺的小型数据中心机房。

对于大型数据中心,仅冷却需求不足以作为选择空调系统的依据。其他发热源的效应,诸如墙壁和房顶,以及循环等,均非常重要,在安装系统时必须仔细检查。

通风管道和活动地板的设计会对整体系统性能产生重要影响,也会严重影响数据中心内温度的一致性。通过采用简单、标准的模块化空气分配系统体系结构,以及上述的简单发热量估计方法,可以大幅降低数据中心的工程设计需求。

5.5　实际算例

某工程共有 5 个机房楼单体,分别编号为机房楼 1、机房楼 2、机房楼 3、机房楼 4、机房楼 5,其中机房楼 1、机房楼 2、机房楼 3、机房楼 4 单体建筑面积均为 8 000 m²,机房面积 6 350 m²,通信设备安装面积 3 809 m²,机房楼 5 单体建筑面积 10 000 m²,机房面积 7 937 m²,通信设备安装面积 4 762 m²,总机房建筑面积约 42 000 m²,其中

① 机房楼 1 和机房楼 2 单位面积功耗按 650 W 估算;

② 机房楼 3 单位面积功耗按 1 500 W 估算;

③ 机房楼 4 单位面积功耗按 1 200 W 估算;

④ 机房楼 5 单位面积功耗按 900 W 估算;

⑤ 电力电池室、高低配电室单位面积功耗按 200 W 估算。

五个机房空调计算总冷负荷列表如表 5-10 所示。

表 5-10　空调冷负荷统计表

序号	机房名称	通信设备安装面积/m²	单位面积功耗/W·(m²)⁻¹	通信设备功耗/kW	电力机房变配电安装面积/m²	单位面积功耗/W·(m²)⁻¹	电力机房变配电房功耗/kW	总功耗/kW
1	机房楼 1	3 809	650	2 475	2 750	200	550	3 025
2	机房楼 2	3 809	650	2 475	2 750	200	550	3 025
3	机房楼 3	3 809	1 500	5 713	2 750	200	550	6 263
4	机房楼 4	3 809	1 200	4 570	2 750	200	550	5 120
5	机房楼 5	4 762	900	4 286	3 457	200	691	4 977
6	总计							22 410

注:按冗余系数 1.2 考虑,空调总冷负荷为 26 892 kW。

1. 冷冻水型集中空调系统配置模式

(1)空调系统主设备配置如表 5-11 所示。

表 5-11　空调系统主设备配置表

序号	设备	性能参数	单位	数量	备注
1	冷水机组	$LQ=1\,300RT(4\,571\,kW)$ $N=820\,kW$	台	6	
2	冷冻水泵	$L=800\,m^3/h$ $H=33\,m$ $N=90\,kW$	台	8	6用2备
3	冷却水泵	$L=950\,m^3/h$ $H=35\,m$ $N=110\,kW$	台	8	6用2备
4	无风机冷却塔	$L=650\,m^3/h$ $N=25\,kW$	台	12	
5	合计	总耗电量 6 420 kW(不包括备用)			

（2）空调末端设备配套。

① 冷冻水型恒温恒湿机房专用空调

冷冻水型恒温恒湿机房专用空调参数选型,按运行稳定、相对最大机组参数为总制冷量 100 kW,显冷量 90 kW,风量 $L=21\,000\,m^3/h$,电功率 16 kW,余压 150 Pa(可调)。冷冻水型恒温恒湿机房专用空调配置表如表 5-12 所示。

表 5-12　冷冻水型恒温恒湿机房专用空调配置表

序号	机房名称	通信设备功耗/kW	围护结构负荷/kW	空调总负荷/kW	配套空调总台数/台	其中备用空调台数/台	配套空调容量(不包括备用)/kW
1	机房楼 1	2 475	380	2 730	42	6	3 240
2	机房楼 2	2 475	380	2 730	42	6	3 240
3	机房楼 3	5 713	380	5 807	78	12	5 940
4	机房楼 4	4 570	380	4 722	66	12	4 860
5	机房楼 5	4 286	475	4 546	72	16	5 040
6	各大楼电力电池区				32		2 880
7	总计				332	52	25 200

② 高低配电区按普通空调配套,按 $L=21\,000\,m^3/h$ 空调箱 1 台,空调总制冷量 140 kW,总耗电量 11 kW×5=55 kW

末端恒温恒湿空调总耗电量(不包括备用):(332-52)×16=4 480 kW

集中冷冻水系统空调总耗电量:6 420+4 480+55=10 955 kW

2. 冷却水型集中空调系统配置模式

根据空调计算总冷负荷约 26 892 kW,空调系统主设备配置如表 5-13 所示。

（1）选用闭式冷却塔主机参数

冷却水供回水温度:32~37 ℃。

冷却水量:$L=300\,m^3/h$ 共 20 台,分两个单元,每组 10 台,其中 2 台考虑远期发展。

18 台闭式冷却塔总冷负荷:18×300×5=27 000 kW

表 5-13　空调系统主设备配置表

序号	设备	性能参数	单位	数量	备注
1	闭式冷却塔	$L=300\,m^3/h$ $N=28\,kW$	台	20	其中 2 台考虑远期发展
2	冷却水泵	$L=850\,m^3/h$ $H=33\,m$ $N=90\,kW$	台	10	8用2备
3	合计	总耗电量 1 224 kW(不包括备用)			

（2）空调末端设备配套

① 管壳式水冷冷凝器

1 侧介质：R22。

2 侧介质：清水。

T＝32～37 ℃　LQ＝60 kW

每台空调由两个冷凝器组成。

② 冷却水型恒温恒湿机房专用空调（其他非标空调末端不做比较）

冷却水型恒温恒湿机房专用空调参数选型，按运行稳定、相对最大机组参数：

总制冷量 100 kW，显冷量 90 kW，风量 $L＝23\ 000\ m^3/h$，电功率 40 kW，余压 150 Pa（可调）。冷却水型恒温恒湿机房专用空调配置表如表 5-14 所示。

表 5-14　冷却水型恒温恒湿机房专用空调配置表

序号	机房名称	通信设备功耗/kW	围护结构负荷/kW	空调总负荷/kW	配套空调总台数/台	其中备用空调台数/台	配套空调容量（不包括备用）/kW
1	机房楼 1	2 475	380	2 730	42	6	3 240
2	机房楼 2	2 475	380	2 730	42	6	3 240
3	机房楼 3	5 713	380	5 807	78	12	5 940
4	机房楼 4	4 570	380	4 722	66	12	4 860
5	机房楼 5	4 286	475	4 546	72	16	5 040
6	各大楼电力电池区				32		2 880
7	总计				332	52	25 200

末端恒温恒湿空调总耗电量（不包括备用）：$(332－52)×40＝11\ 200$ kW。

③ 高低配电区按普通空调配套，按 $L＝21\ 000\ m^3/h$ 水冷整体柜式空调机 1 台，空调总制冷量 134 kW，总耗电量 32 kW×5＝160 kW。

集中冷却水系统空调总耗电量 1 224＋11 200＋160＝12 584 kW。

3. 单元式风冷型机房专用空调系统配置模式

单元式空调即传统的单元式风冷恒温恒湿专用空调，空调室内机于通信机房内设置，它根据通信设备的功耗相应配套空调机组，可与通信设备同步增加，是目前通信机房首先考虑的空调设备。单元式风冷型恒温恒湿机房专用空调配置如表 5-15 所示。风冷型恒温恒湿机房专用空调参数选型，按集采运行稳定、相对最大机组参数：总制冷量 90 kW，显热量 80 kW，风量 $L＝21\ 000\ m^3/h$，电功率 40 kW，余压 150 Pa（可调）。

末端恒温恒湿空调配套总台数：364 台，其中 52 台备用，末端恒温恒湿空调总显冷量 $(364－52)×80＝24\ 960$ kW。

因风冷型恒温恒湿空调负荷当室外气温为 45 ℃时，制冷量出力在 82%左右，因此要保证 25 000 kW 的总制冷量，按 85%衰减计算，配套空调总台数 365 台，总制冷量 $365×80×0.85＝24\ 820$ kW。

末端恒温恒湿空调总耗电量 365×40＝14 600 kW。

高低配电区按普通一拖多空调配套，每个配电室配套 LQ＝48HP（LQ＝135 kW）一套，耗电量 46 kW/套，共 46×5＝230 kW，单元式风冷恒温恒湿专用空调总耗电量 14 600＋230＝14 830 kW。

表 5-15　单元式风冷型恒温恒湿机房专用空调配置表

序号	机房名称	通信设备功耗/kW	围护结构负荷/kW	空调总负荷/kW	配套空调总台数/台	其中备用空调台数/台	配套空调容量（不包括备用）/kW
1	机房楼 1	2 475	380	2 730	48	6	3 360
2	机房楼 2	2 475	380	2 730	48	6	3 360
3	机房楼 3	5 713	380	5 807	84	12	5 760
4	机房楼 4	4 570	380	4 722	72	12	4 800
5	机房楼 5	4 286	475	4 546	80	16	5 120
6	各大楼电力电池区				32		2 560
7	总计				364	52	24 960

第 6 章　空调的维护与管理

机房专用空调在缺乏正常的维护与管理时,运行往往不能处于正常状态,有的出现部分功能缺失,有的带"病"运行未被发现。这种情况下不仅设备的运行能耗增加,还会突发故障轻则影响空调寿命,重则烧坏机组而直接影响通信机房环境,造成通信事故。

机房专用空调的故障按性质可分为五类。

(1)一般性故障。如室内机过滤网脏堵、皮带松、室外冷凝器积灰太多等故障最多。如果出现这些问题,会出现蒸发压力降低,冷凝压力升高,制冷量减少,影响工作效率,同时耗电量增加,严重时机房温度偏高会超出控制范围;过滤网脏堵时送风量会减小,风压达不到设计要求,送风距离缩短,空调远点得不到有效降温,机房温度不均匀度加大……这些都将影响通信设备的正常运行。

(2)功能性故障。如加热、加湿功能无法实现等。特别是加湿存在的问题最多,有进水电磁阀堵塞、机房缺水等原因。由于机组缺少加湿功能,对机房的湿度失去了控制,专用空调的作用将得不到充分的发挥。

(3)零部件故障。如双系统机组中一台压缩机烧毁、冷凝器风机烧毁、电磁阀坏等,导致机组的制冷量几乎减少一半,而且使机组的安全系数减小。万一另一机组损坏,机房的温湿度会失去控制,从而造成严重后果。

(4)机组运行性能差。如制冷剂不足、系统内空气含量高、冷凝风机转速慢等,轻则机组运行效率低,重则造成低压告警、高压告警、机组保护停机等,故障频频。

(5)维护不当或不规范操作引起的人为故障。测试压力后,阀门关闭不严;加制冷剂时加液管未进行排空气处理,使空气进入系统内;打开进、排气截止阀时不用棘轮手,使截止阀顶针根部磨损,无法测试压力及添加制冷剂;加湿盘安装不规范造成溢水;三相相序错引起的故障等。

6.1　风道系统故障

机房专用空调机送风形式有上送风和下送风。下送风时在地板上开孔,将地板下作为一个静压箱,在机架下方装有出风口,便经过空气调节的较低温度气体自下而上流过程控机架,将热量带走,从而保证程控机在一个适宜的环境温度下工作。上送风系统与下送风方式相反,一般也采用将天花板以上作为静压箱来处理,当有的用户需要接风管的时候,风管不宜过长,应保证沿途阻力消耗在 50~75 Pa 之间,如确实需要较长风管,虑采用增压风机系统来弥补。

1. 风道系统的组成

机房专用空调机的风道系统通常由电动机、风机和空气过滤装置组成。

(1)电动机。电动机为安全标准 p54 全密封风冷式,并有 r 级绝缘。电动机安装在可调校的活动底座上,并配合可调校的电机皮带轮做风量的调校。

（2）风机。风机为双宽度、双入口、前倾扇叶的离心扇，并经静态及动态的平衡测试及调校。风机低转速的设计使运行噪声减至最低，自对中垫轴承和双皮带驱动系统确保机组全年连续稳定运行。

（3）空气过滤装置。为了达到空调机房的洁净度要求，在风道系统设置了空气过滤装置。过滤装置为标准的 100 mm 多折式可更换过滤网，过滤网应根据实际使用条件经常检查和更换，以避免造成风路堵塞。

风量的调节主要有以下两种方法。

（1）机械调整。在某些型号的空调中，风量的调整可借助于可调校的底盘以及电机皮带盘。

（2）电气调整。大多数空调风量的调整是通过电动机转速的变化来达到的。

2. 风道系统故障分析

风道系统包括风机、空气过滤网和两只微压差控制器。当过滤网脏报警时，可将压差控制器下部螺钉顺时针旋转到报警消除为止，再逆时针旋转一圈。当然，如调节后仍不能消除报警，那么说明过滤网已经脏到一定程度，需要更换了。

当风道故障报警出现后三分钟后，风机将会自动停止转运。风道故障报警引起的原因如下。

（1）风机马达发生故障，使风机停转。

（2）风机皮带长期磨损后断裂，风机马达实际上在空转。

（3）风道压差计探测管内存在阻塞现象。

（4）过滤网太脏，使风道系统阻力变大。

（5）风机过流保护断开引起交流接触器释放。

（6）24 V 变压器出现问题或输出端接线不牢固松动。

（7）风道压差计调整不当。

（8）电机侧皮带轮松脱故障。

3. 风道故障排除方法

（1）测量风机马达的三相静态阻值，应相同；接地电阻应在 5 m 以上。

（2）更换马达皮带，检查皮带张力，皮带松紧应适度，以大拇指按下 10 mm 左右为宜。

（3）清除压差计探测管内异物。

（4）更换空气过滤网。

（5）将风机过流保护器手动复位，并测量风机电流（复位应到位）。

（6）检查 24 V 变压器输入、输出电压，紧固各有关接线连接点。

（7）重新调整压差计。

（8）调整修理或更换电机皮带轮。

6.2　高压告警

1. 高压报警原因分析

在数据中心制冷系统中，高压控制器调定在 24 kgf/cm² 左右，机器运行中，当高压值到达此限时，高压警报就产生了。要想使压缩机再次启动，必须手动复位；但在按下复位按钮前，必须将造成高压的原因找出，才能使机器运转正常。引起高压故障的一般原因如下。

（1）高压设定值不正确。

（2）夏季天很热时，由于氟利昂制冷剂过多，引起高压超限。

（3）长期运转，环境中的尘埃及油灰沉积在冷凝器表面，降低了散热效果。

（4）冷凝器轴流风扇马达故障。

（5）电源电压偏低，致使 24 V 变压器输出电压不足；冷凝器内 24 V 交流接触器不能工作，造成压缩机排气受阻，形成高压。

（6）系统中可能有残留空气或其他不凝性气体。

（7）风机调速器失电或故障。

（8）风机轴承故障，异响或卡死。

2. 故障排除方法

（1）重新调定设定值在 24 kgf/cm² 左右，并检查实际开停值。

（2）从系统中排出多余氟利昂制冷剂，控制高压压力在 15～19 kgf/cm² 之间。

（3）清洗冷凝器的表面灰尘及脏物，但应注意不要损伤铜。

（4）检查风冷型空调室外轴流风机的静态阻值及接地电阻，如线圈烧毁应更换。水冷型空调应检查水冷冷凝器的水流量、水温度、水过滤器是否脏堵（水过滤器脏堵会造成前后压差变大），可以拆卸下来清洗或更换。

（5）解决电源电压问题，必要时配设电网稳压器。

（6）系统内混入空气量较少时，可从系统高处排放部分气体，必要时重新进行系统的抽真空充氟工作。

（7）检查、更换调速器。

（8）更换室外风机。

6.3　低压警报

1. 原因分析

数据中心机房低压报警是我们在日常维护中经常碰到的问题。尤其是在冬季和刮风的季节中经常遇到。总结起来主要有以下几个原因。

（1）恒温恒湿精密空调低压保护设定值不正确。正确的低压保护设定值应设定在 2 bar 左右，若设定值不对则产生低压报警。

（2）机房专用空调充氟的量不够。冬天气温低时，可能发生类似情况。如果查明原因的确是缺氟时，应向系统补充氟利昂制冷剂。

（3）恒温恒湿精密空调空气过滤网太脏。过滤网太脏不及时更换，易产生低压告警。更换时注意应按照箭头指示码放，不能装反了。

（4）机房专用恒温恒湿精密空调膨胀阀故障。热力膨胀阀失灵或开启度小，引起供液不足；造成低压告警。应加大热力膨胀阀的开启度或者更换膨胀阀。

（5）机房专用恒温恒湿精密空调系统中有泄漏。用氮气进行试压检漏，充气压力应≥1.4 MPa，并且要从系统的高、低压部分同时充入氮气，直至平衡为止。系统充入氮气后，在 24 h 保压的时间内应无泄漏。如 24 h 内气温变化较大，由于气体的热胀冷缩特性，压力会有微小变化，应属正常；如果压力变化值超标，那么应检查漏点，主要查以下几处。

① 与机房专用恒温恒湿精密空调压缩机相连螺母处。

② 与室外机相连的单向阀处。

③ 室外机与压力开关连接处。

④ 储液罐上的单向阀处。

⑤ 管道和盘管等处。

数据中心机房专用恒温恒湿精密空调试压检漏完成后,放掉系统内的氮气,用双连压力表连接吸排气阀门,打开真空泵及吸排气阀门抽真空,时间不少于 90 min,直至系统真空度无限接近 760 mmHg。

机房专用恒温恒湿精密空调抽真空结束后,静态从排气阀处(高压端)直接注入氟利昂液体,观察低压表,使之上升至 6～7 kgf/cm² 处,关闭排气阀,开机从吸气阀处(低压端)补充氟利昂气体,直至视液镜内气泡刚刚消除时停止充注。这时双连表的低压指示应在 0.4～0.5 MPa,高压表的指示应为 1.5～1.8 MPa。

2. 低压警报故障排除

若机房专用恒温恒湿精密空调高压高而低压低,则为管道堵塞。堵塞处管道前后有明显的温差,甚至结霜。可能发生堵塞的地方及处理方法如下。

(1) 发生堵塞的地方在液镜上方的电磁阀处。首先判断在机房专用恒温恒湿精密空调压缩机开启时是否有 24 V 电送到电磁阀处。检查方法为:卸掉电磁阀顶端螺钉,测量其接线柱对应插头有无 24 V,如果没有,则为控制线路故障,反之则为电磁阀损坏,需更换电磁阀。

(2) 机房专用恒温恒湿精密空调发生堵塞的地方在干燥过滤器。关闭空调电源(此时制冷电磁阀为关闭状态),将储液罐处三通阀顺阀杆方向顺时针旋到底(阀杆旋进去),此时储液罐与管道不通,旋开干燥过滤器连接螺母,更换干燥过滤器。

(3) 机房专用恒温恒湿精密空调管道内堵,尤其是管道焊接处有堵焊。焊接处前后有温差,管道前后的压力差别很大,此时需重新焊管,重新抽真空,充氟。

(4) 以上三种情况均正常的前提下,可判断为机房专用恒温恒湿精密空调膨胀阀堵,维修方法如下。

① 机房专用恒温恒湿精密空调冰堵,用热毛巾敷之,则低压端压力回升,需放氟,重新抽真空,再加氟,最好更换干燥过滤器。

② 机房专用恒温恒湿精密空调脏堵,需更换膨胀阀。

③ 保护器失灵造成控制精度不够。修理、更换低压压力控制器。

④ 低压延时继电器设定不正确或低压启动延时太短。重新机房专用恒温恒湿精密空调设定低压延时时间。

6.4 压缩机超载

1. 原因分析

压缩机电流过大时将引起超载,这时压缩机过流保护器将动作,切断交流接触器控制电源。压缩机超载将引起报警,以告知操作人员采取措施。引起压缩机超载的原因如下。

(1) 热负荷过大,高低压力超标,引起压缩机电流值上升。

(2) 系统内氟利昂制冷剂过量,使压缩机超负荷运行。

（3）压缩机内部故障。如抱轴、轴承过松而引起转子与定子内径擦碰或压缩机电机线圈绝缘有问题。

（4）电源电压超值，导致电机过热。

（5）压缩机接线松动，引起局部电流过大。

（6）制冷剂长期不足，导致压缩机过热。原因有三：制冷剂泄露，过滤器脏堵，膨胀阀断路。

2. 压缩机超载故障排除

（1）检查空调房间的保温及密封情况，必要时添置设备。

（2）放出系统内多余氟利昂制冷剂。

（3）更换同类型制冷压缩机。

（4）排除电源电压不稳因素。

（5）重新压紧接线头，使接触良好、牢固。

（6）查漏，补加制冷剂，更换过滤器、膨胀阀。

6.5　加湿系统故障

空调机的加湿系统包括电极式加湿和红外加湿两种类型，其中电极式的包括进水系统、加湿罐、水盘及排水系统，红外加湿的包括进水系统、红外线石英灯管、不锈钢反光板、不锈钢水盘及热保护装置。当水位过高或过低以及红外线灯管过热时，加湿保护装置即起作用，同时出现声光报警。

1. 加湿器故障报警的原因

（1）外接供水管水压不足，进水量不够，加湿水盘中水位过低。

（2）加湿供水电磁阀动作不灵，电磁阀堵塞或进水不畅。

（3）排水管阻塞引起水位过高。

（4）水位控制器失灵，引起水位不正常。

（5）排水电磁阀故障，水不能顺利排出。

（6）加湿控制线路接头有松动，接触不良。

（7）加湿热保护装置失灵，不能在规定范围内工作。

（8）外接水源总阀未开，无水供给加湿水盘或加湿罐。

（9）在电极式加湿器初使用时，可能由于水中离子浓度不够引发误报警。

（10）加湿罐中污垢较多，电流值超标。

2. 加湿故障报警排除方法

（1）增加进水管水压。

（2）清洗排管，使之畅通。

（3）清洗排水管，使之畅通。

（4）检查水位控制器的工作情况，必要时更换水位控制器。

（5）清除加湿水盘中污物，排除积水。

（6）检查水位控制器各接插部分是否松动，紧固各脚接头。

（7）观察热保护工作情况，必要时更换。

（8）将外接水源阀门打开。

（9）通过加湿旁通孔的风量太大，引起水位波动，可将旁通孔关闭部分，或用防风罩挡住，使水位控制在一个正常范围。

（10）在加湿罐中少许放些盐，以增加离子浓度。

（11）经常清洗加湿罐，以免污垢沉积，直至更换。

6.6 氟利昂循环管路故障

1. 故障原因分析

空调机氟利昂是制冷的物质，少量泄漏会造成制冷量不足，大量泄漏会造成低压警报。空调系统氟利昂泄漏会同时携带冷冻油外泄，造成系统缺润滑油，严重缺油还会导致压缩机咬死。管路开口较大的情况，氟利昂迅速漏光，外界湿气入侵管路，如不对系统进行干燥和抽真空就立即加氟利昂，会造成数据中心空调机氟利昂循环管路运行中冰堵。管路堵塞会造成氟利昂循环不畅，效率急剧下降。机房空调氟利昂循环管路故障的位置一般会在如下几个地方。

（1）质量不良的冷凝器、蒸发器盘管处的泄漏，多数为铜管砂眼，少数为腐蚀。

（2）管路的焊接处由于焊接质量造成的脱焊、虚焊造成的漏点。

（3）纳子连接处松动造成泄漏。

（4）水冷式空调的管壳式冷凝器、板式冷凝器因腐蚀烂穿，造成水、氟利昂两侧互窜。

（5）外力造成内外机之间的氟利昂高、低压管折断或破损泄漏。

（6）氟利昂堵塞常见于干燥过滤器和膨胀阀处，堵塞点前后一般会有明显温差。

2. 故障排除方法

（1）判断泄漏的严重程度。可以通过测量氟利昂高低压力来判断泄漏的大概情况。对于泄漏少的，一般只需要添加氟利昂即可；对于泄漏较多的，除添加氟利昂外，还要适当添加冷冻油；对于基本漏光的，要对系统进行抽真空和干燥处理后，再加氟加油。

（2）寻找泄漏点。简单的方法就是查看室内机、管道接头、室外机阀门处是否有明显的漏油迹象，如有明显的漏油现象则表明氟利昂有泄漏，因为油氟互溶，漏油必漏氟，漏氟必漏油。水冷式冷凝器如有泄漏，经常会在冷却水中发现油花。另外肥皂水、卤素检漏灯、电子检漏仪等方法都可以有效地发现漏点。

（3）排除漏点。根据漏点情况进行拧紧、重新焊接、更换等方法排除。排除后要加氟加油至标准。对于堵塞的干燥过滤器可以更换，堵塞的膨胀阀可以拆下清洗，必要的进行更换。

6.7 主电路及控制电路故障

1. 故障原因分析

机房空调主电路是空调的动力源，主要由导线、空气开关、接触器、熔丝等组成。机房空调的控制电路是空调自动运行的大脑和神经，一般由电源变换器、传感器、主控制器、显示部分组成，由于品牌型号的不同，区别很大。这些空调系统电路的故障，一般可能是如下一些原因造成的。

（1）过载造成熔丝烧断、接触器或开关烧毁、导线烧毁、导线绝缘下降造成短路。

（2）接线插件接触不取造成局部导电性能不佳，高阻发热或虚接触。

（3）机房空调室外机防水不良造成电路短路或腐蚀。

（4）传感器安装位置不正确或传感器积灰严重，造成传感数据不准确，便主控制器决策错误。

（5）电源变换器故障，使主控制器无法得到需要的电源，造成系统无法运行。

（6）主控制器故障，如芯片遭雷击或过电压造成损坏，无法正常工作。

（7）系统设置错误，例如温度的下限比上限高等，造成控制逻辑混乱。

2．故障排除方法

电路故障，相对于其他故障，处理起来会复杂一些。能够正确判断故障的原因，就能保证故障处理的迅速有效。

（1）对过载烧断熔丝、接触器、开关、导线的，先查找过载或短路原因，在原因未确定前，不要贸然更换、上电。

（2）接线插件接触不良应进行紧固。

（3）空调系统室外机电路部分做好防水工作。

（4）传感器调整合适的位置，传感器积灰严重的，应清洁后再测试精确度。若传感数据不准确，偏差不大的可以通过面板菜单进行修偏（各品牌不同，部分设备无此功能），偏差较大的可以更换。

（5）主控制器的电源一般为低压直流，大部分是 24VDC，用万用表很容易判别是无电源输入还是主板故障。

（6）系统设置错误，多数是操作人员对空调面板功能不熟悉，可以参考厂家说明书操作。

（7）部分设备菜单中有恢复出厂设置的功能，也可以作为应急时的权宜之计。

6.8　空调器检修（安装）工具和仪器

1．常用工具

（1）扳手、螺丝刀

维修和安装空调器时一般需要活络扳手、开口扳手、梅花扳手和内六角扳手，满足松动和紧固各种螺母的需要。维修、安装空调器时一般需要准备大、中、小三种规格的十字和一字带磁螺丝刀，也称改锥，在维修时能松动和紧固各种平头或圆头螺钉，如图 6-1 所示。

（2）尖嘴钳、偏嘴钳、克丝钳

尖嘴钳采用尖嘴结构，便于夹捏，主要用于夹持安装较小的垫片和弯制较小的导线等。偏嘴钳，也叫斜口钳、偏口钳，可以用来剪切导线和毛细管。克丝钳，也叫钢丝钳、老虎钳，用来剪断毛细管、电源线等，如图 6-2 所示。

（3）电烙铁、松香、焊锡和吸锡器

电烙铁是用于锡焊的专用工具。松香是用于辅助焊接的辅料。为了避免焊接时出现虚焊的现象，需将它们的引脚或接头部位沾上松香，再镀上焊锡进行焊接。焊锡是用于焊接的材料。吸锡器事专门用来吸取电路板上焊锡的工具。当需要拆卸元件时，由于它们引脚较多或焊锡较多，所以在用电烙铁将所要拆卸元件引脚上的焊锡融化后，再用吸锡器将焊锡吸掉。

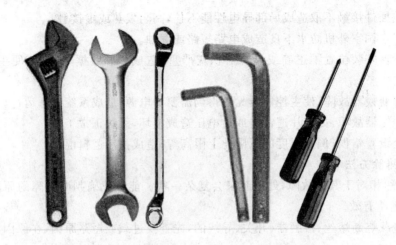

图 6-1　常见扳手、螺丝刀实物图

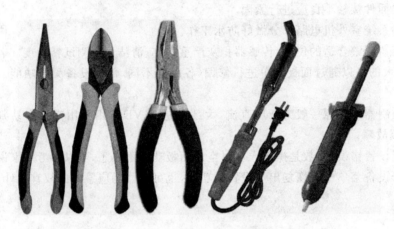

图 6-2　常见尖嘴钳、偏嘴钳、克丝钳实物图

（4）剥线钳、美工刀、锉刀

剥线钳也叫拔丝钳，主要用来剥去导线塑料皮。当剥塑料皮没有剥线钳时，也可用美工刀操作，如图 6-3 所示。

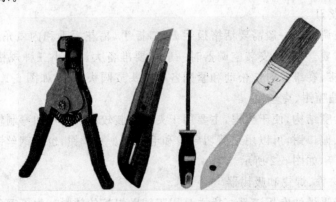

图 6-3　常见剥线钳、美工刀、锉刀实物图

（5）毛刷、AB 胶

毛刷主要用来清扫灰尘或查漏时用它沾洗涤剂水。AB 胶主要用于外壳、线路板的粘接，

也可用于蒸发器的修补。

2. 常用仪器仪表

（1）万用表、钳形表、兆欧表

一般用于测量电压、电流值。利用万用表的"鸣叫"功能检测线路的通断。钳形表是用来测量压缩机启动和运行电流的工具。兆欧表主要用于测量压缩机、风扇电机的绝缘电阻，以免发生漏电事故，如图 6-4 所示。

图 6-4　常见仪器仪表实物图

（2）电子温度计

电子温度计用于测量空调器进风口或出风口的温度。其前端为温度检测传感器，使用时将传感器放置于空调器的进风口或出风口处，经内部单片机处理后，通过显示屏显示温度。

（3）检漏仪、示波器

电子检漏仪主要用于检测空调器制冷系统的泄露部位。示波器直观反应信号的波形，帮助我们分析、判断故障部位所在，如图 6-5 所示。

图 6-5　检漏仪、示波器

3. 专用工具

（1）割管刀和毛细管钳

割管刀也叫切管器，用于切不同直径长度的紫铜管。毛细管钳是用来切割毛细管的，如图 6-6 所示。

（2）胀管器和扩口器

胀管器和扩口器的功能就是将铜管的端口部分内径胀大成杯形或 60°喇叭口状，其中杯形状用于相同管径的铜管插入，经这样对接后的两根铜管才能焊接牢固，且不易泄露。60°喇叭口状便于与压力表等设备的连接，如图 6-7 所示。

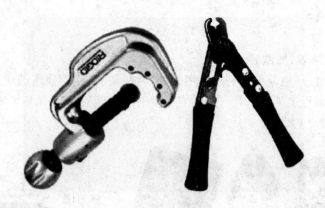

图 6-6　割管刀、毛细管钳

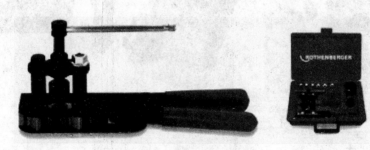

图 6-7　胀管器和扩口器

（3）三通维修阀、压力表、加液管

三通维修阀也叫三通修理阀，主要作用是将空调器的制冷系统与压力表、真空泵、制冷剂钢瓶、氮气瓶等维修设备进行连接，并对维修设备起切换作用。压力表全称真空压力表，将它接到压缩机工艺管口与制冷管路其他管口，就可监测制冷系统内压力的大小，以便于抽真空、加注制冷剂。加液管是空调器维修时加注制冷剂、抽真空使用的软管，如图 6-8 所示。

图 6-8　三通维修阀、压力表、加液管

（4）气焊设备、焊条

气焊设备主要用于制冷管路之间的连接与拆卸。维修人员多采用便携式气焊设备。焊条、助焊剂是焊接制冷管路的材料。

（5）真空泵、制冷剂瓶、氮气瓶

制冷系统加注制冷剂前必须对它进行抽真空操作。制冷剂瓶是存储制冷剂的钢瓶。氮气瓶是存储氮气的钢瓶，如图 6-9 所示。

图 6-9　真空泵、制冷剂瓶、氮气瓶

（6）冲击钻、空心钻

冲击钻配上相应钻头可以在不同的物质上进行钻孔。空心钻俗称水钻，主要用于安装空调器时打墙孔的特殊电钻，如图 6-10 所示。

图 6-10　冲击钻、空心钻

（7）水平尺、锤子、盒尺、安全带

水平尺是用于安装空调时对室内机、室外机水平度进行测量、校正的工具，确保安装后平稳、不倾斜，将空调器的噪声降到最低。锤子是用于敲击的工具，有铁锤和橡皮锤之分。盒尺是用于测量尺寸的工具。安全带是在楼房安装空调器室外机时防止从高空坠落的保护性工具，如图 6-11 所示。

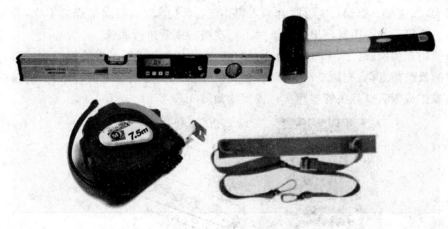

图 6-11　水平尺、锤子、盒尺、安全带

6.9 铜管切割、胀管和扩口

1. 割管操作

割刀也称割管器,是专门用来切断紫铜、黄铜、铝等金属管的工具。在修理、安装空调器时,经常需要使用专用的割管刀切割不同长度和直径的铜管。割管刀有不同的规格,其实物外形如图 6-12 所示。

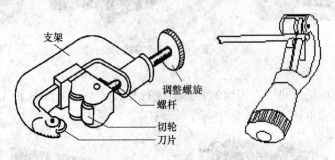

图 6-12 割管器

切割铜管时,须将铜管放到割管刀的两个滚轮之间,割刀与管子垂直夹紧,顺时针旋转进刀钮至刀刃碰到管壁上,将铜管卡在割刀与滚轮之间,然后边旋转进刀钮边围绕铜管旋转割管刀。旋转进刀钮时,用力一定要均匀柔和,否则可能会将铜管挤压变形。这样边转边进刀,直到将管子割断。切割铜管的操作方法如图 6-12 所示。

铜管切断后,铜管管口一般形成内缩的锐边,一定要使管口趋下,用绞刀将管口边缘上的毛刺去掉,将锐边倒棱,倒棱时应注意管口要朝下,并倒干净碎屑,以防止铜屑进入制冷系统。

毛细管切割比较简单,一般是用剪刀夹住毛细管来回转动划出裂痕,然后用手轻轻地折断即可。

2. 胀管和扩口

两根铜管对接时,需要将一根铜管插入另一根铜管中。这时,往往需要将被插入铜管端部的内径胀大,以便另一根铜管能够吻合插入,只有这样才能使两根铜管焊接牢固,并且不容易发生泄漏。胀管器的作用就是根据需要对不同规格的铜管进行胀管。

扩口器用于为铜管扩喇叭口,以便通过配管将分体式空调器室内外机组相连接。在对窗式空调器的系统抽真空、充制冷剂时,需将修理阀与压缩机充气管连接,而用于连接的铜管需要用扩口器扩成喇叭口。胀管器和扩口器实物如图 6-13 所示。

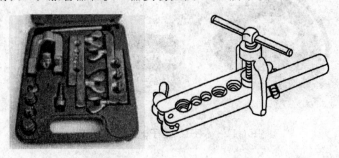

图 6-13 胀管器和扩口器

胀管时,首先将退火的铜管放入管钳相应的孔径内,铜管露出夹管钳的长度随管径的不同而有所不同(管径大的铜管,胀管长度应大一点;管径小的铜管,胀管长度则小一点)。管口露出夹具表面后高度应略大于胀头深度,对于 8 mm 的铜管,一般胀管长度为 10 mm 左右。拧紧夹管钳两端的螺母,使铜管被牢固地夹紧,把与管径相应的胀头固定在螺杆上,然后固定好弓形架,插入所需口径的胀管头,顺时针缓慢旋转胀管器的螺杆,胀到所需长度为止。胀管操作方法如图 6-14 所示。

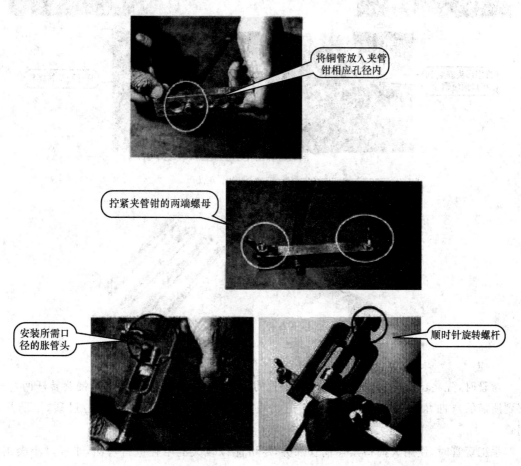

图 6-14　胀管操作方法

扩口时,首先将铜管扩口端退火并用锉刀锉平整,去掉管口毛刺,在退火的铜管上套上连接螺母,然后将铜管放入夹管钳相应的孔径内,管口朝向喇叭口面,铜管露出喇叭口斜面高度 1/3 的尺寸。拧紧夹管钳两端的螺母,把铜管紧固牢,将扩口顶压器的锥形头压在管口上,其弓架脚卡在扩口夹具两侧,顺时针缓慢旋转螺杆,将管口挤压成喇叭口,如图 6-15 所示。

扩成的喇叭口应圆正、光滑、没有裂痕,以免连接时密封不好,影响制冷设备的使用效果。

3. 弯管操作

弯管器是用来弯曲小直径铜管的专用工具。弯管器分滚轮式和弹簧管式两种,如图 6-16 所示。

用滚轮式弯管器来弯曲铜管时,其曲率半径是固定的,曲率半径由固定导轮决定。滚轮式弯管器的弯管操作方式如图 6-17 所示。

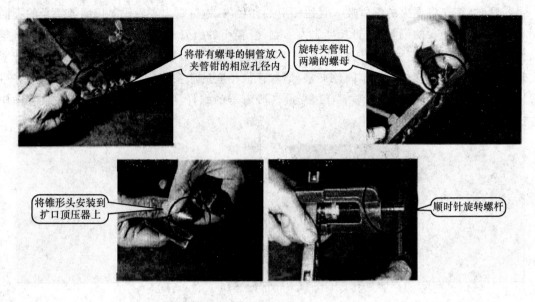

图 6-15　扩口器操作方法

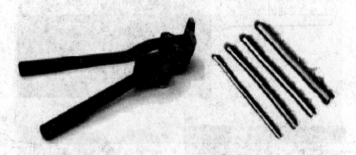

图 6-16　滚轮式弯管器和弹簧管式弯管器

　　弯管时,先将已退火的管子放入弯管工具的轮子槽沟内,扣牢管端后,慢慢旋转杆柄,一直弯到所需的弯曲角度为止,然后将弯管退出模具。操作时要注意不可用力过猛,以防压扁铜管。

　　手工弯管时,使用大拇指按住铜管部分,尽可能以较大的半径进行弯曲,半径过小会出现死弯或压扁变形,管子易破裂报废。

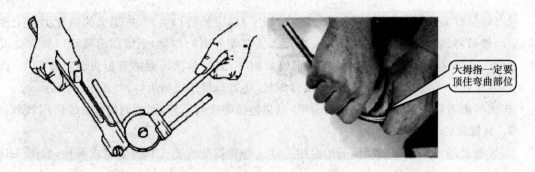

图 6-17　滚轮式弯管器的弯管操作弹簧管式弯管器的弯管操作

　　弹簧管式弯管器的直径有多种规格,弯管时应选用与铜管直径相应的弹簧管。操作时,先将弯管器的弹簧管套入需弯曲的铜管,再进行弯曲。弹簧管式弯管器虽然可以将铜管弯曲成不同的曲率半径,但是被弯曲的铜管的曲率半径通常应大于管子直径的 5 倍以上。弹簧管式弯管器的弯管操作方法如图 6-17 所示。

对紫铜管进行剖、弯、扩、胀加工要点如下。

(1)紫铜管弯曲部分及扩口、胀管端先进行退火。

(2)用割管器对管子进行切割,要求刀口与管子轴线垂直,进刀要慢,旋转割管器切断管子。切割后的管口有毛刺,应使管端朝下用刮刀去除毛刺。

(3)选择合适的弯管器弯管,弯曲半径应大于 5 倍管子外径,弯曲时要慢而用力均匀,弯至所需的形状。

(4)管端胀管要求胀管长度为 1 倍管子直径,要求胀管的过渡部分光顺。

(5)对管子进行冲洗,可用减压到 0.5 MPa 的氮气吹管内空间,也可以用制冷剂气体冲洗,冲洗完后如不马上安装,则要把管子两端用塑料膜包扎好,以防止水分和灰尘进入管内。

6.10　焊接基本知识

1. 气焊基本原理

气焊,有时也被称作为钎焊,是利用熔点比焊件为低的焊料(又称焊条),通过可燃气体和助燃气体在焊枪中混合燃烧时产生的高温火焰,加热焊件,熔化焊条,使焊件连接的方法。在钎焊过程中,被焊金属不熔化,仅填充金属(焊条)熔化。氟利昂制冷系统的管道连接,一般采用气焊焊接。

2. 气焊焊条的选用

为提高焊接质量,降低焊接成本,钎焊制冷系统管道时,要根据焊件材料选用合适的焊条。钎焊常用的焊条有银铜焊条(俗称高银焊条)、铜磷焊条(俗称低银焊条)、铜锌焊条等。

铜管与铜管之间焊接可选用铜磷焊条。这种焊条价格比较便宜,并具有良好的漫流、填缝和润湿性能,而且不需要用焊剂,因为铜磷焊条中的磷在钎焊过程中能还原氧化铜,起到焊剂的作用。铜管与钢管或钢管与钢管焊接,可选用银铜焊条或铜锌焊条。银铜焊条具有良好的焊接性能,铜锌焊条次之,但在焊接时均需用焊剂。

3. 焊剂的选用

焊剂又被称为焊粉、焊药、熔剂等。焊剂能在气焊过程中使焊件上的金属氧化物或非金属杂质生成熔渣。同时,气焊生成的熔渣覆盖在焊件的表面,使焊件与空气隔绝,防止焊件在高温下继续氧化。钎焊若不正确合理使用焊剂,易造成焊件上的氧化物夹杂在焊缝中,使焊接处的强度降低。如果焊件是管道,焊接处易产生泄漏。

常见气焊焊剂一般分非腐蚀性焊剂和活性化焊剂两种。非腐蚀性焊剂有硼砂、硼酸、硅酸等。活性化焊剂则是在非腐蚀性焊剂中加入一定量的氟化钾、氟化钠或氯化钠、氯化钾等化合物。活性化焊剂较非腐蚀性焊剂具有更强的清除焊件金属氧化物和杂物的作用,但它对金属有腐蚀作用,焊接完毕后,焊接处残留的焊剂和熔渣要进行清除。

钎焊焊剂的选用,对焊件的焊接质量有很大的影响,因此钎焊时要根据焊件材料、焊条,选用焊剂。通常,铜管与铜管的焊接,使用铜磷焊条可不用焊剂,若使用银铜焊条或铜锌焊条,要选用非腐蚀性焊剂,如硼砂、硼酸或硼砂与硼酸的混合焊剂;铜管与钢管或钢管与钢管的焊接,用银铜焊条或铜锌焊条,焊剂要选用活性化焊剂。

4．气焊实训步骤

(1) 气焊材料的准备

实训过程中,一般可以选择常见的 φ6 铜管,将 φ6 铜管割成 4 cm 左右小段若干段,用扩口胀管器将其一端扩直口,一端保留。检查被焊接的铜管,如果其表面存在油漆、油和氧化物,则应该设法除去,对连接处大于 30 mm 的范围内进行清理。另外,还要求去除被焊接件金属端口的毛边和锈斑,否则会影响焊接质量。处理管子最简单的方法是用砂皮纸或锉刀打磨,但要注意不要使粉末进入管内。

将已胀好口并已处理过的铜管,大头对小头插接起来(注意最后一根管子不要胀口,这样可以再接一段毛细管,进行毛细管焊接练习),然后将它们大头朝上竖立起来,用台钳把最下面的一段管子夹紧。

被焊接的铜管要有合适的插入长度和配合间隙。铜管插入的长度不小于被插入铜管的直径长度。两根管道间的配合间隙应掌握在 0.1～0.2 mm 之间。配合间隙太大,焊条熔化时易流入管道,造成堵塞。配合间隙过小,熔化的焊条只能焊附在管道接口的表面,焊口强度差,易裂开。

因为被焊接的是铜管与铜管,所以采用价格便宜、较易购买的铜磷焊条,不使用焊粉。

(2) 气焊设备压力的调整

首先调节氧气压力。开启焊炬上的氧气调节旋钮,放掉氧气输气软管内剩余气体,然后旋紧旋钮。接下来逆时针打开氧气钢瓶瓶阀,观察减压阀上所显示的瓶内压力并记录,最后顺时针转动减压阀上的压力调节手柄,将工作压力调节在 0.3～0.5 MPa。

其次调节乙炔压力。开启焊炬上的乙炔调节旋钮,放掉乙炔输气软管内剩余气体,然后旋紧旋钮。接下来用乙炔专用扳手逆时针打开乙炔钢瓶瓶阀,观察减压阀上所显示的瓶内压力并记录,最后顺时针转动减压阀上的压力调节手柄,将工作压力调节在 0.03～0.05 MPa。

需要注意的是,如果不采用乙炔气而采用液化石油气作为可燃气,因液化气减压阀为固定式,所以压力不必调节,也不能调节。

(3) 焊枪点熄火操作

右手握住焊枪,左手将焊枪上的乙炔阀门逆时针打开 1/4 圈,使焊枪喷嘴有少量乙炔气喷出,然后用左手持点火枪(也可以直接用打火机)点火,当火焰点燃后,再用右手的拇指和食指配合,逆时针缓慢地打开氧气阀门,点火即告完成。

点火完毕后进行熄火操作。熄火时,先将氧气阀门顺时针调小(否则在关闭乙炔阀时枪嘴会有爆炸声),然后顺时针关闭乙炔阀门,将火焰熄灭,最后再关闭氧气阀门,完成熄火操作。

(4) 焊接火焰调节操作

焊接管道要根据不同材料的焊件,选用不同的气焊火焰。

① 氧气-液化石油气火焰

氧气-液化石油气气焊火焰分两类,即碳化焰、氧化焰,如图 6-18 所示。

a. 碳化焰

氧气与液化石油气体积之比为 1∶1～1∶3 时,其火焰为碳化焰,如图 6-18(a) 所示。化焰的火焰分三层,心呈白色,焰为淡白色,外焰为橙黄色。化石油气的含量越多,火焰越长。碳化焰的温度 2 500 ℃ 左右,适用钎焊铜管与钢管。

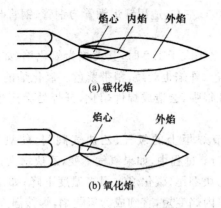

图 6-18　氧气-液化石油气火焰

　　b. 氧化焰

　　氧气与液化石油气体积之比为 1.4～1.6 时，其火焰为氧化焰，如图 6-18(b) 所示。氧化焰的火焰分两层，焰心呈尖形为青白色，外焰为淡白色，氧化焰的温度 2 900 ℃左右。适用钎焊铜管与铜管、钢管与钢管。

　　② 氧气－炔气气焊火焰

　　氧气－乙炔气气焊火焰可分为三类，即碳化焰、中性焰和氧化焰，如图 6-19 所示。

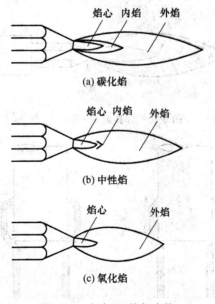

图 6-19　氧气-乙炔气火焰

　　a. 碳化焰

　　氧气与乙炔气的体积之比小于 1 时(即炔气含量大于氧气)，其火焰为碳化焰，焰心外围如图 6-19(a) 所示。碳化焰内焰为淡白色，外焰为橙黄色。碳化焰的温度 2 700 ℃左右，适合于钎焊铜管与钢管。

　　b. 中性焰

　　当氧气与乙炔气的体积之比为 1～1.2 时，其火焰为中性焰，如图 6-19(b) 所示。中性焰的火焰也分三层，焰心呈尖锥形，色白而明亮，内焰为蓝白色，外焰由里向外逐渐由淡紫色变为橙黄色。中性焰的温度 3 100 ℃左右,适用钎焊铜管与铜管、钢管与钢管。

    c. 氧化焰

    当氧气与乙炔气的体积之比大于 1.2 时,其火焰为氧化焰,如图 6-19(c)氧化焰的火焰只有两层,焰心短而尖,呈青白色,外焰也较短,稍带紫色。氧化焰的温度 3 500 ℃左右。氧化焰由于氧气的含量较多,氧化性很强,会造成焊件熔化,钎焊处会产生气孔、夹渣,不适用于铜管与铜管、铜管与钢管的钎焊。

    训练过程中,应反复调节焊炬上的氧气、乙炔气阀门,使氧气与乙炔气的体积之比为1 ∶ 1.2,使火焰成中性。在调节过程中,如果氧气不变,乙炔增大,或者乙炔不变氧气减少,会使火焰内焰变长,直到出现乙炔羽尾(碳化焰),焊接温度下降;如果氧气不变,乙炔减少,或者乙炔不变氧气增大,会使火焰内焰变短,直到成为氧化焰,焊接温度上升。

    (5) 焊接操作

    上述准备工作就绪以后,就可以进行气焊操作了。

    首先进行铜管与铜管的焊接。用火焰温度最高的 A 点,对管子的被焊接处进行加热。加热时,应以套接处为主要加热点,如图 6-20 所示,同时还应使焊枪略微抖动,防止管子局部因过热而烧穿或起泡。待铜管表面被加热至黄褐色(豆沙色)时,马上使用焊料,用火焰的 B 点加热焊接。注意,焊料不要直接接触火焰,应该如图 6-21 所示的那样从反方向插入,若直接接触火焰,容易产生气孔。

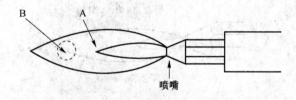

图 6-20　焊接时的不同火焰点

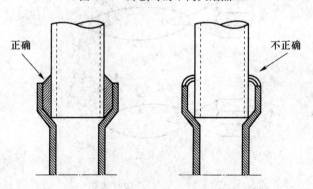

图 6-21　铜管与铜管的焊接

    如图 6-22 所示,还可以进行毛细管与 φ6 铜管之间的焊接。方法是,将已切割好的毛细管插入台钳上最后一个铜管,深度为 10～15 mm,并用老虎钳将铜管多余部分夹扁,然后按照前述方法进行焊接。

    焊接完毕后,对焊接质量进行检查,检查焊料的流动情况。流动情况好,表明焊料与焊件之间能紧密连接在一起。如果焊料未能填满焊件间隙,连接能力差,则应考虑重新焊接。下表是焊接不好的例子及对策,如表 6-1 所示。

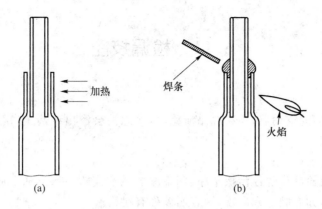

图 6-22　铜管与毛细管的焊接

表 6-1　不良焊接实例与对策

焊接不好的例子	对应的措施
慢慢加热升温。 现象：①焊接流动性明显不好；②焊不透，强度不够；③产生气孔	重新调整火焰，将火焰的温度提高，以减少加热时间；母材加热至豆沙色
加热不够。 现象：①容易产生气孔等缺陷；②不容易焊透，强度不够	母材加热至足够温度后再插入焊料；保证加热均匀
加热过度。 现象：①焊点颜色发暗发黑；②母材起泡	重新调整火焰，将火焰的温度降低；减少加热时间
母材不干净。 现象：①产生气孔或真空；②焊接流动性不好	按要求去除母材表面的灰尘、油污、氧化物；按要求去除母材端口的毛边和锈斑

（6）结束工作

焊接实训结束后，将焊炬熄火，关闭氧气、乙炔气瓶阀门，旋松减压阀调节手柄，整理输气软管，认真做好结束工作。

（7）注意事项

① 使用氧气、乙炔气、液化石油气中应注意：氧气、乙炔气、液化石油气钢瓶，运输中要轻装、轻卸、防震、防跌；氧气、乙炔气、液化石油气钢瓶，应放在远离热源，通风干燥的地方；不准用带有油脂的布或纱头擦拭、调节氧气瓶的减压阀门，以免引起爆炸；要经常检查氧气、乙炔气、液化石油气钢瓶的阀门、减压阀、输气胶管及有无漏气现象，若发现漏气，要及时修复；钎焊用毕后，要及时关闭氧气、乙炔气、液化石油气钢瓶上的阀门。

② 为了避免点火时产生黑烟，可在开启乙炔阀门前先少开些氧气。

③ 焊接处要加热均匀，加热时间不宜过长，以免管道内壁产生氧化层，造成制冷系统毛细管、干燥过滤器堵塞。毛细管与干燥过滤器焊接时，必须掌握火焰对毛细管和干燥过滤器的加热比例，其加热比例为 2∶8，以防止毛细管加热过度而熔化。

④ 点火、熄火以及火焰调整操作应该在教师指导下反复练习，直到熟练掌握，操作过程中应尽量避免产生黑烟。

6.11　检漏技能

1. 外观检漏

使用过一定时间的空调器,当氟利昂泄漏时,冷冻油会渗出或滴出,用目测油污的方法可判定该处有无泄漏。

2. 肥皂水检漏

检漏时,先将被检部位的油污擦干净,用干净的毛笔或软的海绵沾上肥皂水,均匀涂抹在被检处。几分钟后,如有肥皂泡出现,则表明该处有泄漏。

3. 电子检漏仪检漏

电子检漏仪为吸气式,故将电子检漏仪探头接近被测部位数秒钟左右停止,蜂鸣器蜂鸣时,表示有泄漏。

4. 充压浸水检漏

若系统微漏或蒸发器、冷凝器内漏,较难查出,可充入一定的干燥空气或氮气,其压力一般为 25 bar 左右。充压后将被检物浸入水中,待水面平静后,看有无气泡出现。

5. 抽真空检漏

对于确实难于判断是否泄漏的系统,可将系统抽真空至一定真空度,放置约 1 小时,看压力是否明显回升,判断系统有无泄漏。

6.12　排空、加氟、加冷冻油技能

1. 排空

排空有以下三种方法。

(1) 使用空调器本身的制冷剂排空

拧下高、低压阀的后盖螺母、充氟口螺母,将高压阀阀芯打开(旋 1/4～1/2 圈),10 s 后关闭。同时,从低压阀充氟口螺母处用内六角扳手将充氟顶针向上顶开,有空气排出。当手感到有凉气冒出时停止排空。

(2) 使用真空泵排空

如图 6-23 所示,将歧管阀充注软管连接于低压阀充注口,此时高、低压阀都要关紧;将充注软管接头与真空泵连接,完全打开歧管阀低压手柄;开动真空泵抽真空;开始抽真空时,略松开低压阀的接管螺母,检查空气是否进入(真空泵噪声改变,多用表指示由负变为 0),然后拧紧此接管螺母;抽真空完成后,完全关紧歧管阀低压手柄,停下真空泵(抽真空 15 min 以上,确认多用表是否指在 $-1.0 \times 10^5\,Pa$);再完全打开高、低压阀,将充注软管从低压阀充注口拆下,最后应上紧低压阀螺帽。

(3) 外加氟利昂排空

如图 6-24 所示,将制冷剂罐充注软管与低压阀充氟口连接,略微松开室外机高压阀上接管螺母;松开制冷剂罐阀门,充入制冷剂 2～3 s,然后关死;当制冷剂从高压阀门接管螺母处流出 10～15 s 后,拧紧接管螺母;从充氟口处拆下充注软管,用内六角扳手顶推充氟阀芯顶针,制冷剂放出。当听不到噪声时,放松顶针,上紧充氟口螺母,打开室外机高压阀芯,并注意上紧截止阀螺帽。

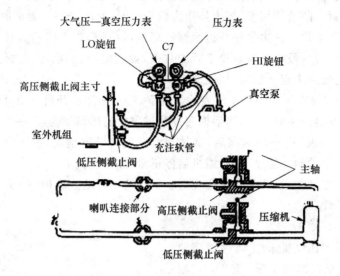

图 6-23　真空泵排空方式

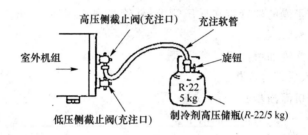

图 6-24　外加氟利昂排空方式

2. 加氟

对于全封闭式压缩机,充注氟利昂往往采用低压吸入法。充氟前由钢瓶往制冷系统中充注制冷剂时,可将钢瓶与修理阀相连接,也可用复合式压力表的中间接头充入。打开钢瓶阀门,将接管内的空气排出后,拧紧接头,充入制冷剂,表压不超过 0.15 MPa 时关闭直通阀门。起动压缩机将制冷剂吸入,待蒸发器上结满露时即可停止充注。

制冷剂充入量的判断方法如下。

(1)测重量。当钢瓶内制冷剂的减少量等于所需要的充注量时可停止充注。

(2)测压力。根据安装在系统上的压力表的压力值即可判定制冷剂的充注量是否适宜。压缩机正常运行的重要参数之一是压力,加注时也可参考压力来加注,以常用的 R22 制冷剂为例,静态加注后,在高低压接口加压力表,加注时观察压力表指针的变化,压缩机正常运行时低压在 4~6 kg,高压在 16~22 kg,高低压的范围是考虑到加注时的季节,冬夏两季压力会有浮动,加注时也需逐步增加,待数值稳定后再视情况看是否需要继续加注,只要压力在合理范围内稳定,加注量即合适。

(3)测温度。用半导体测量仪测量蒸发器进出口温度、吸气管温度、集液器出口温度、结霜限制点温度,以判断制冷剂充注量如何。

(4)测工作电流。用钳形表测工作电流。制冷时,环境温度 35 ℃,所测工作电流与铭牌上电流相对应。空调压缩机都有对应的额定电流,在压缩机输入市电电线上钳一块电流表,接好制冷剂和压缩机低压口,切记需用制冷剂排掉连接管中的空气,首先利用制冷剂自身的压力静态加氟,观察视镜中的液体情况,当内外压力较平均时,此时静态已无法加入制冷剂,现在可以启动压缩机,继续加注。一边加注一边观察钳形表的电流,当电流示数接近额定电流值时,暂停加注,让空调运行一段时间观察稳定后的数值,如数值降低,则继续加注,反复观察几次,直至稳定的运行电流为额定电流时,加注即完成。

(5)经验法。在没有压力表和电流表的情况下,静态加注后开启空调,同时手摸蒸发器的温度,仔细观察蒸发器的结露情况,当手摸蒸发器进气管与出液管温度一致,翅片有结露情况,即可停止加注,待空调运行一段时间后,继续观察蒸发器结露情况,进出温度情况,待温度一致,结露均匀,在设定的制冷温度下,压缩机启停正常,加注即完成。

加注方法并不相互独立,几种方法相互借鉴配合能更好地完成加注工作,多方面保证加注方法和用量的科学性。

3. 加冷冻油

空调器用全封闭压缩机采用 25 号冷冻油。

(1)往复式压缩机灌油步骤

① 将冷冻油倒入一个清洁、干燥的油桶内。

② 用一根清洁、干燥的软管接在低压管上,软管内先充满油,排出空气,并将此软管插入油桶中。

③ 起动压缩机,冷冻油可由低压管吸入。

④ 按需要量充入后即可停机。

(2)旋转式压缩机灌油步骤

① 将冷冻油倒入干燥、清洁的油桶中。

② 将压缩机的低压管封死。

③ 在压缩机的高压管上接一只复合式压力表和真空表。

④ 起动真空泵将压缩机内部抽成真空。

⑤ 将调压阀关闭。

⑥ 开启低压阀,冷冻油被大气压入压缩机,充至需要量即可。

充灌冷冻油后切不可用焊具焊接压缩机,以免内部空气受热膨胀而爆裂,因此必须将压缩机外壳焊接好,并进行检漏后方可灌油。

6.13　元器件的检测

1. 晶体二极管的好坏判断

(1)好坏的判断:用万用表的 $R \times 100\ \Omega$ 或者 $R \times 1\ k\Omega$ 挡测量二极管的正反向电阻,如果正向电阻为几十欧姆至几千欧姆,反向电阻在 $200\ k\Omega$ 以上,可以认为二极管基本正常。测量中,万用表的黑表笔接二极管正极、红表笔接负极时测得的是正向电阻,反之则为反向电阻,如图 6-25 所示。

(2)极性的判断。用万用表测得二极管的正向电阻时(即阻值较小时),黑表笔所接为二极管的正极,这是因为黑表笔与万用表中电池的"+"极相连。

(3)材料的判断。锗二极管正向电阻一般为几十至几百欧姆,硅二极管正向电阻一般为几百欧姆至几千欧姆。这是因为锗管的结电压比硅管小。

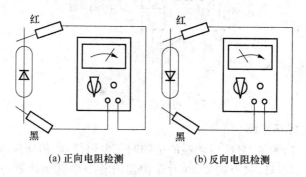

(a) 正向电阻检测　　　　　　(b) 反向电阻检测

图 6-25　二极管的检测

2. 晶体三极管的好坏判断

（1）基极的判断。用万用表的 $R×100\ \Omega$ 挡或者 $R×1\ k\Omega$ 挡分别测量各管脚之间的电阻，必有一只管脚与其他两脚的阻值相通，这只管脚就是基极，如图 6-26(a)所示。

（2）管型的判断。以黑表笔接基极，如果测得与其他两只管脚的电阻都较小，则为 NPN 型三极管；反之则是 PNP 型三极管。

（3）发射极和集电极的判断（以 NPN 管型为例）。用万用表的两个表笔分别接除基极之外的另两个管脚，并用手指将基极与红表笔捏紧，但不要短路，然后对调两个管脚，重复上述操作，指针摆动大的一次，红表笔所接为发射极，黑表笔所接为集电极。这是因为手指捏基极与红表笔时，相当于在管子输入端加了一个信号，表笔极性正确后，管子导通，万用表指针偏转。

（4）好坏的判断。在管脚与管型的判断过程中，如果没有上述规律，即可判断该三极管已坏。另外，如果三极管集电极与发射极间的反向电阻在 $200\ k\Omega$ 以下，说明该三极管的穿透电流太大，性能不好，也可判断该三极管已坏。三极管的判断如图 6-26(b)所示。

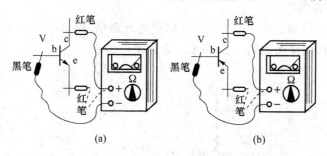

(a)　　　　　　　　　　(b)

图 6-26　基极 b 的判别

3. 可控硅的好坏判断

（1）单向可控硅（SCR）的好坏判断：用万用表（$R×1\ k\Omega$ 挡）的表笔任意搭接可控硅的三个引脚，正常时只有两个脚之间能够导通，这两脚应为阴极 K 和门极（控制极）G，剩余的一脚为阳极 A；导通时万用表红表笔所接为阴极，黑表笔所接为门极，不符合以上条件的可控硅均为废品。可控硅的管脚排列如图 6-27 所示。

（2）双向可控硅（BCR）的好坏判断。双向可控硅的好坏判断与单向可控硅差不多，但双向可控硅的触发信号可以是交流或脉冲，因此其阴极和门极之间没有极性，用万用表测量时，无论表笔怎么接，始终有几百欧姆至几千欧的电阻，否则就已损坏。

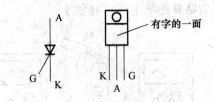

图 6-27　可控硅的管脚排列图

4. 碟型保护器的好坏判断

用万用表 $R\times1\,\Omega$ 挡测量 PTC 启动器的引脚间的电阻值,阻值应该接近零但不为零,这是因为常温下双金属片不变形,触点接通,同时保护器内有一根电加热器,加热器有电阻。碟型保护器的结构如图 6-28 所示,其中 A-B 间是双金属片,阻值为零,B-C 间是加热器,阻值接近零。

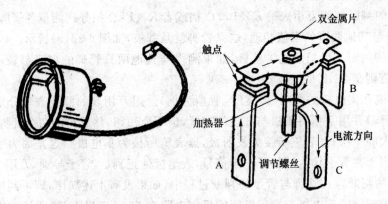

图 6-28　碟型保护器结构原理

5. 调速电机好坏判断

用万用表的电阻挡对其各个端子之间的阻值进行测量,即可以判别其好坏以及各端子的功能。调速电机的内部接线如图 6-29 所示。具体操作如下。

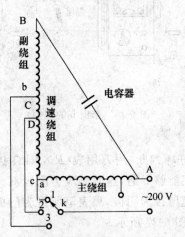

图 6-29　调速电机的工作原理

① 首先在各个端子之间找出阻值最大的两个端子,并标明 A 和 B。

② 以 A 端子为固定端,测量其与其余端子之间的阻值,找出最小的 C 端。

③ 以 B 端子为固定端,测量其与其余端子之间的阻值,找出最小的 D 端。

④ 比较 C 与 D,其中阻值更小的端子为此调速电机的高速抽头端,与此端子相连的端子(A 和 B 中的一个)即为此调速电机的主绕组端,A 和 B 中的另一个则为副绕组端。

⑤ 以主绕组端为基准端,测量其与其余端子之间的阻值,由小至大排序,相应的电机的速度则由快至慢。

6. 压缩机电机好坏判断

首先将压缩机接线盒的用一字螺丝刀盖板撬开,取下启动器和保护器,然后用万用表的 $R\times1\ \Omega$ 挡测量压缩机电机绕组三个接线端子的电阻值。阻值最大的是主绕组端子 M 和副绕组端子 S,阻值记为 RMS;阻值最小的是主绕组端子 M 与公共端子 C,阻值记为 RCM;阻值居中的是副绕组端子 S 与公共端子 C,阻值记为 RCS;正常的压缩机电机绕组有这样的规律:①RCS > RMS, ②RCM+RCS=RMS。在测量中若发现某一绕组的阻值无穷大,表明该绕组断路;某一绕组阻值为零,表明绕组短路;绕组与外壳阻值为零,表明绕组通地;绕组与外壳阻值小于 2 MΩ,表明绕组绝缘不良。

7. 电容器好坏判断

首先用螺丝刀短路电容器的两个管脚,对电容器进行放电,放电时应注意安全。然后用万用表电阻挡($R\times1\ k\Omega$ 挡或 $R\times10\ k\Omega$ 挡,电容器的容量越小,挡位应越大),将红黑表棒分别接电容器的两端子,观察表笔的偏转情况。正常的电容器,万用表指针一度偏转,再慢慢回复。即使调换极性,也是同样情形。当发现①万用表指针无偏转;②指针偏转,但不回到∞;③指针打到 0 均可以判定此电容器已经损坏。

第7章　空调系统节能技术

机房节能的总体方向是机房环境。重点是空调节能。从技术的角度探讨。主要包括以下几个方面。

1. 变频技术节能

变频技术是一种应用广泛的电机节能技术。应用了变频技术的空调机一方面降低了开关损耗，另一方面提高了低频运转时的能效。在空调行业多种节能技术的应用中，变频技术是有效和成熟的技术。目前，变频器技术已很成熟，在市场上有很多国内外品牌的变频器，这为变频调速节能提供了充分的技术和物质基础。在通信机房空调系统中，目前变频节能技术主要有两种方式的应用，即中央空调系统水系统变频调速节能方式和机房专用空调压缩机变频方式。

2. 机房专用空调的自适应控制节能技术

根据机房专用空调只利用本机回风口传感器的温湿度值，作为数据采样参考点，无法监测整个机房平面的真实环境温湿度数据，准确性不够等缺陷。着眼于机房专用空调系统组合的综合控制能力以及机房内气流组织的优化处理。通过总结实际使用中的经验和理论分析，利用采用计算机温度模拟技术建立的数学模型。取得最佳的合理调控配置。机房专用空调自适应恒温恒湿控制节能监控系统的安装和施工简单方便，对机房结构没有任何变动。不影响原有空调系统结构。具有安全可靠性。

3. 冷水机组空调水处理

在冷水机组中空调水系统水管的水垢、腐蚀及青苔对制冷系统影响极大。也是空调能耗高的重要原因。水垢热阻对制冷机性能影响很大。定期对空调水系统进行水处理是降低消耗、提高空调系统工作效率的一种方法。

4. 利用风能技术

这种节能技术的工作原理是利用机房室外的自然环境为冷混当室外空气温度比室内低一定程度时，依靠通风将机房内的热量带走。实现室内散热。达到降低机房内部温度的目的。通过减少空调的使用时间，达到节约电能的目的。主要分两种类型：

（1）自然通风新风系统

直接利用室外新风送入机房内。当室外空气温度较低时，可以直接将室外低温空气送至室内，为室内降温。

（2）自然风冷系统

在室外新风冷源的利用上采用了隔绝换热的方式。只利用室外新风的作为冷源带走热量。室外空气并不直接进入室内：室内空气通过换热冷却后再被送回室内。

5. 谐波治理

谐波对电网的危害众所周知。对谐波的治理除了改善供电质量外，通过减少无功功率的消耗。也可以起到节能的效果。

7.1　变频技术节能

7.1.1　机房专用空调主机变频技术

1. 工作原理

空调系统一般主要由制冷压缩机系统、冷冻循环水系统、冷却循环水系统、盘管风机系统、冷却塔风机系统等组成。

制冷压缩机组通过压缩机将制冷剂压缩成液态后送蒸发器中,冷冻循环水系统通过冷冻水泵将常温水泵入蒸发器盘管中与冷媒进行间接热交换,这样原来的常温水就变成了低温冷冻水,冷冻水被送到各风机风口的冷却盘管中吸收盘管周围的空气热量,产生的低温空气由盘管风机吹送到各个房间,从而达到降温的目的。

冷媒在蒸发器中被充分压缩并伴随热量吸收过程完成后,再被送到冷凝器中去恢复常压状态,以便冷媒在冷凝器中释放热量,其释放的热量正是通过循环冷却水系统的冷却水带走。冷却循环水系统将常温水通过冷却水泵泵入冷凝器热交换盘管后,再将这已变热的冷却水送到冷却塔上,由冷却塔对其进行自然冷却或通过冷却塔风机对其进行喷淋式强迫风冷,与大气之间进行充分热交换,使冷却水变回常温,以便再循环使用。

空调系统的制冷压缩机组、冷冻循环水系统、冷却循环水系统、冷却塔风机系统等的容量大多是按照建筑物最大制冷、制热负荷选定的,且再留有充足余量。

在没有使用具备负载随动调节特性的控制系统中,无论季节、昼夜和用户负荷怎样变化,各电机都长期固定在工频状态下全速运行,能量的浪费是显而易见的。故节约低负荷时压缩机系统和水系统消耗的能量,具有很重要的意义。而用阀门、自动阀调节不仅增大了系统节流损失,而且由于对空调的调节是阶段性的,造成整个空调系统工作在波动状态,通过在电机上加装变频器则可解决该问题,还可实现自动控制。

变流量控制技术始于 1999 年,伴随着自动控制技术、信息技术、变频调速技术和计算机技术、特别是软件工程技术的发展及应用产品的成熟,在空调系统中以变流量运行方式替代传统的定流量运行方式已成为大势所趋。

上述这些技术的系统集成可以实现对传统的空调系统各个环节进行智能化控制,从而达到变流节能的目的。

2. 主要特点和优势

中央空调系统主机应用变频技术主要具有下列几方面的优势,以离心式主机为例说明。

(1) 提高部分负荷性能指标

冷水机组运行在部分负荷工况时,通常恒速离心机通过调节导流叶片开度来调节机组输出冷量,最高效率点通常在 80%～90% 负荷,当负荷降低时,单位冷量能耗增加较显著。而变频离心机采用自适用控制逻辑,同步调节电机转速和导流叶片开度来调节机组输出冷量,最高效率点在 40%～50% 负荷,而且负荷降低,单位冷吨能耗增加缓慢。

而电信机楼中央空调系统为了保证其安全运行,往往要求负荷率低于 80%,多数时间会在 40%～50%,因此可见,变频离心机比较适合电信机楼中央空调系统。另一方面,变频离心机配置的滤波系统是符合 IEEE592—1992(电气与电子协会)标准的变频装置滤波系统。滤波系统的引入提高了机组的功率因数,提高了机组效率。

(2) 提高机组可靠性

配置变频驱动装置的离心机组,在低负荷状态运行时,同时调节导流叶片开度和电机转速,调节机组运行状态,可控制离心机组迅速避开喘振点,避免喘振对机组的伤害,确保机组运行安全。恒速离心机通常配置星三角启动器,一次启动电流高达满负荷电流的 200% ~ 250%,二次启动电流甚至可能高达满负荷电流(FLA)的 500%,而变频离心机的变频驱动装置对机组实现软启动,启动电流不会超过机组满负荷电流(FLA)的 100%,减少了设备的电流冲击,冷水机组没有启动时间间隔的限制,机组可频繁启停,可最大限度地节能,最大限度地提高冷冻水出水温度的控制精度。同时,启动电流降低,延长设备寿命。

(3) 降低运行噪声

变频离心机大部分时间运行在部分负荷工况,低转速运行,降低了电机噪声,且降低冷媒的排气速度,气流噪声降低。400 冷吨冷水机组现场测试的结果表明:30% 负荷状态下运行时,变频驱动离心机组的噪声相比恒速离心机组降低 8db。

3. 注意事项及存在问题

(1) 理论上说变频器可以运用在中央空调系统的主机,但现实中空调主机使用变频器时,虽然可以灵活调节压缩机的工况,减少功耗,但压缩机还受到温度、压力等多种因素影响,也会自动进行功率调节,因此使用变频器能否取得满意的节能效果还需要进一步验证。

(2) 离心式主机的变频运行可能存在低频振荡点,从而增大机械磨损,导致缩短主机寿命,应特别引起注意。

(3) 由于变频技术的核心原理为高频脉宽调制技术,使用大功率变频器相当于增加了一个大谐波源,它对通信电源低压配电系统的谐波干扰以及通信设备的电磁干扰不容忽视,在采用变频技术时应特别引起注意。所以建议机组装变频驱动装置时安装滤波器。

4. 适用场合和条件

离心式主机变频技术适合用于有一定制冷余量的中央空调系统。一般来说,主机变频节能技术应用在热源负荷变化大的环境节能效果会好一些,电信机楼的热源负荷主要来自设备发热,属于负荷变化比较小的环境,因此通信机楼应用主机变频节能技术带来的好处可能没有其他应用环境大。通信综合大楼包含有办公室和通信机房,日夜负荷变化较大,应用中央空调系统主机变频技术是比较好的选择。

7.1.2 中央空调系统水泵变频技术

1. 变频器技术原理

从原理上变频器结构比较简单,变频器先将交流电转换为直流电,然后用逆变桥将其再转换为变频、变压的交流电源。变频器的结构框图如图 7-1 所示。

在图 7-1 中,三相电源在全波整流器整流后变成直流电,在直流回路的电容器能够降低电压波动,且在短时间的电源断路情况下能够继续提供能量。直流电压运用脉宽调制(PWM)技术被转换为交流。理想的波形通过输出晶体管(绝缘栅极晶体管 IGBT)在固定频率(开关频率)下的开关切换而建立。通过改变 IGBT 的开关时间,能够得到理想的电流。输出电压为一系列的方波脉冲,电机绕组的电感使其变成正弦的电机电流,原理如图 7-2 所示。

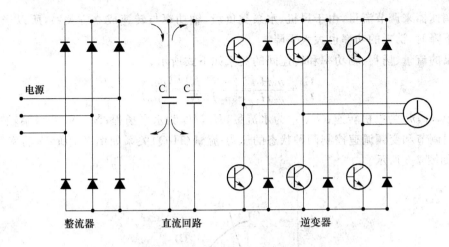

图 7-1 变频器的结构框图

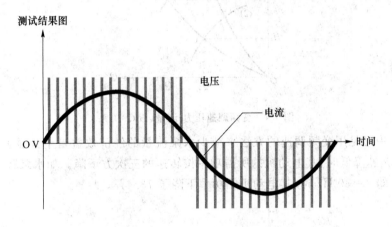

图 7-2 变频器脉宽调制电机波形

图 7-3 所示是变频器典型接线方式。

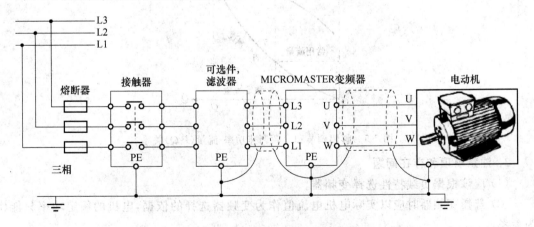

图 7-3 变频器典型接线方式

2. 变频调节水泵转速的节电原理

风机、水泵等设备传统的调速方法是通过调节入口或出口的挡板、阀门开度来调节给风量和给水量,其输入功率大量的能源消耗在挡板、阀门地截流过程中。最有效的节能措施就是采用变频调速器来调节流量,由于风机、水泵类负载,轴功率与转速成立方关系,所以当风机、水泵转速下降时,消耗的功率也大大下降。

水泵的流量、扬程、轴功率和转速间的关系如下式所示。

$$\frac{G_1}{G_2} = \frac{n_1}{n_2} \frac{H_1}{H_2} = \left(\frac{n_1}{n_2}\right)^2 \frac{N_1}{N_2} = \left(\frac{n_1}{n_2}\right)^3$$

式中,n_1,n_2 为电机转速;G_1,G_2 为水流量;H_1,H_2 为水泵扬程;N_1,N_2 为水泵轴功率。

阀门调节和变频调速控制两种状态的压力-流量($H\text{-}Q$)关系如图 7-4 所示,功率-流量($P\text{-}Q$)关系如图 7-5 所示。

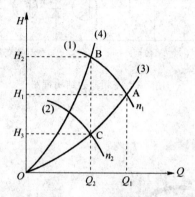

图 7-4　变频调速压力-流量($H\text{-}Q$)关系

从图 7-5 中可见用变频调速的方法来减少水泵流量的经济效益是十分显著的,当所需流量减少,水泵转速降低时,其电动机的所需功率按转速的三次方下降。如水泵转速下降到额定转速的 60%,即 $f=30\ \text{Hz}$ 时,其电动机轴功率下降了 78.4%。

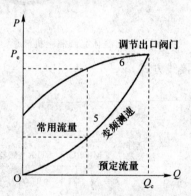

图 7-5　阀门调节和变频调速功率-流量($P\text{-}Q$)关系

3. 注意事项和存在问题

(1) 应该根据负载特性选择变频器。

(2) 选择变频器时应以实际电机电流值作为变频器选择的依据,电机的额定功率只能作为参考。

(3) 应充分考虑变频器的输出含有丰富的高次谐波,会使电动机的功率因数和效率变坏。所以在选择电动机和变频器时,应考虑到这种情况,适当留有余量,以防止温升过高,影响电动机的使用寿命。

(4) 一些特殊的应用场合,如高环境温度、高开关频率、高海拔高度等,会引起变频器的降容。变频器需放大一挡选择。

（5）选择变频器时，一定要注意其防护等级是否与现场的情况相匹配。否则现场的灰尘、水汽会影响变频器的长久运行。

（6）变频器的运转对水泵及空调系统可能会产生负面影响。运行中可能出现的问题主要表现为谐波问题、噪声、振动、负载匹配、发热等，应该从多方面考虑减少这些问题的发生，保证空调系统的稳定正常运行。

4. 适用场合和条件

根据负载特性选择变频器，中央空调冷冻水泵及冷却水泵属于风机、泵类负载，应选择适合于这类负载的变频器。

各种风机、水泵、油泵中，随叶轮的转动，空气或液体在一定的速度范围内所产生的阻力大致与速度 n 的 2 次方成正比。随着转速的减小，转矩按转速的 2 次方减小。这种负载所需的功率与速度的 3 次方成正比。当所需风量、流量减小时，利用变频器通过调速的方式来调节风量、流量，可以大幅度地节约电能。同时高速时所需功率随转速增长过快，与速度的 3 次方成正比，所以通常不应使风机、泵类负载超工频运行。

5. 小结

由于空调系统一般是按最大负荷设计安装，室外环境对空调系统影响很明显。在夏季空调系统负荷率就高，在冬季空调系统负荷率低。所以变频技术受天气影响很大。室外温度越低，空调系统变频节电越明显。同时主机功率及水泵功率冗余越大，变频节电也越明显。

空调水泵耗电量在工频运行状况下，可占中央空调空调系统耗电量的 33.92% ～ 39.33%，所以水泵节能非常重要，节能潜力也比较大。通过采用变频节能技术，可以有效降低空调能耗，达到降低运营成本的目的。

7.2　机房专用空调自适应节能控制技术

机房专用空调自适应节能控制技术是充分利用通信机房空调冷量的富余量而达到节能的目的。机房空调冷量的设计原则为 $n+1$，其中 n 为夏天最高气温时的全冷量需求，1 为备用机组台数。当 n 能满足全部冷量需求时，则机房冷量的富余量是很大的，其富余量主要体现在以下几个方面。

（1）一台备用空调的冷量。

（2）昼夜之间温差较大，即使夏天亦可达 10 ℃。

（3）季节温差，上海地区冬夏季达 30 ℃以上。

因此，可以利用空调自适应控制原理，解决最需要解决的通信设备的环境控制问题。

（1）自适应由点到面。改变专用空调只利用本机回风口传感器的温湿度值，无法监测整个机房平面的真实环境温湿度数据，准确性不够的状况，对整个机房的温湿度整体进行控制。

（2）自适应由"单兵"到"团队"作战。改变"空调群"的组合使用过程中各自为政，甚至出现机房内有的空调在制冷的同时有的在制热，使用极不合理的状况，使空调机组协同工作。自适应由"缺陷"到"合理"。改变由于机房机架排列、建筑结构、线缆走向排序等复杂客观因素，造成空调机组的气流组织缺乏优化处理，使机房内温差大的情况，使机房温湿度达到理性控制目的。

1. 工作原理

（1）模糊控制技术。自动跟踪昼夜、季节、地区、机房内区域环境温湿度值的变化。准确计算通信机房各"区域"与外部环境温湿度值之间的关系。

（2）PID 技术。动态调整空调的设定温度、湿度、修正值等参数，根据空调设备的实时运行状况，配以智能化的控制算法软件，优化压缩机运行周期，平衡空调设备供冷量与目标温湿度值之间的关系。

（3）计算机温度场模拟技术。根据机房不同的工况条件、空调冷量分布、风量扩张循环等综合数据，提高优化冷量利用效率，排列出空调优先资格顺序，达到冷量效率最大化。精确控制"$N+1$"、"$N+0$"、"$N-1$"等台空调数量的开启与关闭，使空调始终处于最佳工作状态，有效实现了机房整体环境的恒温恒湿，提升通信设备的环境安全、节约空调能源消耗、延长空调机组的使用寿命。

自适应节能技术的系统结构如图 7-6 所示。

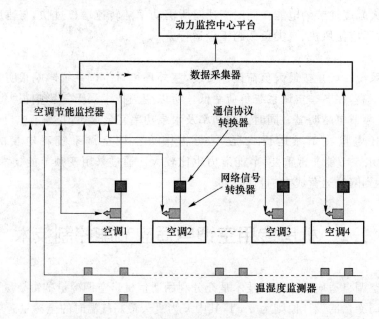

图 7-6　自适应节能技术的系统结构图

应用自适应节能技术时，机房平面环境温湿度监测点分布如图 7-7 所示。

2. 主要特点和优势

（1）利用大自然环境温湿度的变化是节约能源的途径之一。

大自然的环境温湿度，昼夜季节都在变化。充分利用大自然能量的变化，自动改变空调合理运行所应有的温度和湿度设置值，减少压缩机工作时间，控制空调合适的总制冷量输出，节约空调耗电量。

（2）使空调更"聪明"是节约能源的途径之二。

自动跟踪监测"各温度区域"内真实的温湿度数据值，使空调的"去湿"、"加湿"等运行，始终控制在合理的工作状态，减少空调压缩机不必要的工作时间。

（3）"$N+1$"台空调富余量的自动控制是节约能源的途径之三。

根据"空调群"里"$N+1$"台空调所产生的制冷量总和，自动判断备用空调"$+1$"的物理位置，控制其合理的开关状态，达到节约能源的效果。

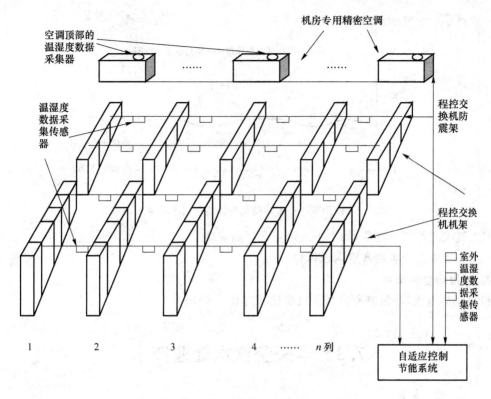

图 7-7 机房平面环境温湿度监测点分布图

（4）"空调群"自动排序，使冷量利用效率最大化，是节约能源的途径之四。

机房内发热源的分布不均衡，"空调群"里的每台空调相对应"区域"的制冷负荷量是不同的。对"空调群"的自动排序功能，使冷量利用效率最大化是有效的节能措施。也是提高恒温恒湿环境的技术保障。

图 7-8 和图 7-9 为使用节能技术前后的机房温度对比图。

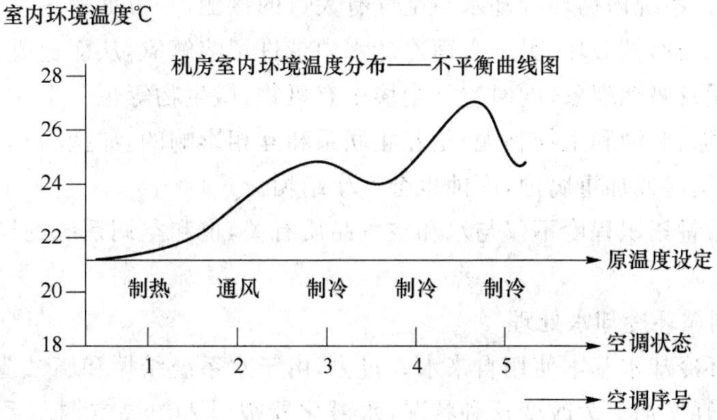

图 7-8 使用节能技术前的机房温度分布曲线图

3. 注意事项和存在问题

下列三种情况的机房，不适合使用本技术。

（1）专用空调冷量严重不够。

143

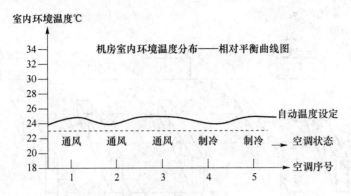

图 7-9　使用节能技术后的机房温度相对平衡分布曲线

（2）气流组织严重混乱，如上下送风空调间隔混装。

（3）大量电缆严重堵塞空调送风口。

4．适用场合和条件

机房显热量大，冷量有所富裕的机房比较适合。

7.3　中央空调水处理技术

空调冷却水、冷冻水中通常使用自来水、河水、湖水和水库中的水，这些水中通常含有溶解的矿物质、细菌和悬浮物，这些物质中含有如钙和镁的硫酸盐和重碳酸盐等。它们溶解于水中时，以钙、镁正离子根及硫酸根和重碳酸根负离子的状态在水中运动，在用水设备与管道与大地相连的状态下，由于设备接地呈负极性，于是正离子将受器壁吸引产生附壁效应，负离子又将和固定在器壁上的正离子结合，因而形成水垢。如此长期反复上述过程，水垢将越来越厚，使得空调的使用寿命缩短，效率降低，能源浪费。

冷却塔运行时，系统内循环冷却水与空气有大量的接触，一方面水中 CO_2 逸入空气中，水中的碳酸平衡状态因而被破坏，另一方面冷却水中带进了溶解氧，从而造成了水质不稳定。在系统中会产生水垢及腐蚀现象，同时空气尘埃中有机物、微生物等也会带入水中不断积累和繁殖，上述产生的水垢、腐蚀和生物粘泥，是互相联系和互相影响的，如盐垢和污垢往往结合在一起，结垢和粘泥能引起或加重腐蚀，腐蚀也会产生结垢。

水中杂质的数量累积程度不仅与水和空气品质有关，也和空调系统的操作运行有关。

1．工作原理

（1）中央空调循环冷却水处理

中央空调循环冷却水基本使用自来水。过去，由于水系统结垢和腐蚀造成机组功能下降、使用寿命降低、能耗增加。为改变这种状况，水磁化器被引入中央空调水系统。实践证明，使用这种设备处理能力有限，不成功的报道很多。20 世纪 80 年代中期在工业的冷冻水系统引入工业循环冷却水处理技术后非常成功，这就是循环冷却水化学水处理技术。该技术是向水中投加水质稳定剂，包括分散剂、阻垢剂、缓蚀剂、杀菌剂等。是通过化学方法，使水中结垢型离子稳定在水中，其原理是通过螯合、络合和吸附分散作用，使 Ca^{2+}、Mg^{2+} 稳定地溶于水中，并对氧化铁、二氧化硅等胶体也有良好的分散作用，是目前空调水处理使用最为普遍的一种方法,也是在空调循环水处理中应用面最广、技术最成熟的一种方法,实践证明是有效而经济的方法。冷却水化学水处理技术包括以下几种处理方法。

① 缓蚀阻垢处理

过去使用以聚磷酸盐为主体的缓蚀剂,但是,如果冷却水系统在水高浓缩倍数下进行,由于磷酸盐会大量附着在金属的表面上,反而引起结垢的危害,并且,聚磷酸盐会水解生成正磷酸盐,生成磷酸盐垢。磷酸盐和聚合物类阻垢剂的复合药剂出现后,即使冷却水被高度浓缩,仍能充分发挥缓蚀和阻垢效果。最近几年来新的合成药剂不断出现,效果越来越好,具体的使用与水质条件有关,浓度一般为 100 ppm 左右。

② 粘泥的处理

粘泥是水中藻类和细菌类增殖后,与从大气中洗涤出的灰尘等杂质构成的具有黏着性的软泥质的物质,这些粘泥物在管壁会影响水的流速、流量,附着在换热器管壁就要影响热交换能力,另外还会造成微生物对金属器壁的腐蚀,所以必须进行杀菌,粘泥抑制剂一般使用杀生剂。

通常,杀生剂为氧化型与非氧化型杀生剂轮流交替使用,以防菌藻产生抗体。由于空调水系统多处于闹市区,人员集中,杀生剂使用要求较高,首先要求无味并对人体无毒且杀菌效果好,如氯气就不能在空调系统中使用。

③ 水质管理

a. 浓缩倍数管理

对空调循环冷却水系统来说,贮水量相对循环量的数值小,因为空调冷却水设备的运行负荷往往变动较大,外界环境变化也大(如昼夜温差、湿度等),即使进行一定的强制排污,冷却水的浓缩倍数仍在变化,甚至变化较大。所以现场控制难度较大,因此,在水处理时,为了使冷却水的水质指标维持一定的范围,需要建立自动浓缩和加药管理系统。

由于水浓缩时,水中的各种离子随之浓缩,而电导正是反映水中离子浓度多少的数值,浓缩倍数与电导的增长基本上成正比,当水浓缩一倍时,电导率提高 $0.93 \sim 0.98$ 倍,所以一般采用浓缩倍数为 3 时水的对应电导率作为控制值,电导仪与电磁阀相连,同时与自动计量泵相连,当水浓缩倍数过高时,则电磁阀启动进行排污,同时加药泵启动,补入相应的被排污水带走的药量。

自动化的采用,使空调冷却水循环系统管理大为简化,实现了现场无人操作,只需每月进行一次或两次取样分析,适当调整控制条件,使现场操作准确无误,为进行化学水处理提供了很好的条件。

b. 药剂浓度的管理

平时,水处理药剂若不维持在一定浓度上,则不能充分发挥效应。而过量加药造成经济上的浪费,因此,加药要及时适量。目前,空调水系统加药一般分为两类,一是采用自动加药装置;二是根据计算量而采用连续滴加方式,这种方式也可保证水中药量浓度在有效范围内。

c. 日常监测

最重要的水质管理是掌握补水和冷却水的水质,而且要把防患于未然的对策作为基本措施。但由于空调水系统一般现场不具备分析条件,一般都委托有关单位进行分析,由于采用自动化管理,所以监测分析可半月或每月进行一次,以便发现问题及时调整。腐蚀监测,采用现场挂标准试片,每月或两月测定一次。

(2) 冷冻水处理

冷冻水是将冷量输送到各个空间的主要载冷工质,就冷冻水系统的构成而言,冷冻水分为密闭式和非密闭式,非密闭式又分为部分敞开式和喷淋式两种类型。中央空调冷冻水系统多为密闭式。

① 冷冻水的特点

与一般循环冷却水相比较有以下几个特点。

a. 浓缩倍数基本保持不变。密闭式冷冻水系统在循环过程中,由于不与空气接触,没有蒸发,所以水量基本上没有损失。部分敞开式冷冻水系统仅是冷水池敞口部分暴露于空气之中,与空气之间的交换量很少,可以忽略不计,故在循环过程中几乎没有水量损失。带有喷淋装置的冷冻水系统,夏季在循环过程中有特殊的吸湿现象,即在循环过程中没有水量损失,反而因空气中的水蒸气进入系统而使系统中的离子浓度低于补充水。由于这种现象在某些地区引起冷冻水变化较大,也是药量损失的主要因素,应引起重视,采取相应措施。而在冬季由于对空气起增湿作用冷冻水有一定的浓缩。

b. 水温比较低,一般在 $1\sim20\ ℃$ 变化,大多数在 $6\sim12\ ℃$。

c. 水处理药剂为一次性投入,为了保证药剂的有效性,在指定的周期内排污换药。

d. 冷冻水对设备的危害主要是腐蚀,常因腐蚀原因出现红水现象。

e. 一般来说,贮水量与循环水量要小些。

② 腐蚀机理

冷冻水系统因其水量基本保持不变,水中钙、镁离子不因循环而增加,所以结垢趋势并不严重。系统主要存在的问题为溶解氧腐蚀,碳钢在水中由于形成微电池而引起腐蚀。

氢氧化亚铁极易氧化成红棕色的铁锈,这是冷冻水出现红水的主要原因。在敞开式和喷淋式系统中,由于系统部分暴露于空气中或与空气直接接触,系统中溶解氧的含量比较充足;在密闭式冷冻水系统中,溶解氧会因腐蚀的发生而迅速消耗,变得不充分。但这些系统仍会有少量的溶解氧存在,主要是通过阀门、管接头、泵的压垫漏进来的。此外,冷冻水系统虽然补充水很少,但溶解氧也会随着补充水的加入而带入系统中。所以溶解氧是造成冷冻水系统腐蚀的主要原因。

伴随着氧化铁的腐蚀机理,另一种腐蚀循环反应也同时发生。就是去离子水或软化水腐蚀,一旦形成腐蚀反应,还有一个加速过程而这种腐蚀在氧的存在下是一个往复连锁反应。这是因为钙、镁、碱度对腐蚀而言为保护性离子,而软化水与去离子水正是去除了这些离子,所以在某些用户出现设备一年就穿孔腐蚀现象,从水处理方面讲,密封式系统严禁使用去离子水或软化水。另外 Cl 离子等腐蚀性离子也参加了反应且腐蚀因素较多,未经加药处理的冷冻水系统腐蚀会很严重。

③ 药剂的选择

根据冷冻水上述的主要腐蚀原因,分别对铬酸盐、亚硝酸盐、磷酸盐、硅酸盐、钼酸盐、锌盐及有机酸、硫脲、硫醇、唑啉等药剂进行对比实验,因其中铬酸盐严重污染环境、亚硝酸钠的致癌原因而弃置不用。磷系、硅系、钼系三类复配药剂在缓蚀方面均取得了良好的效果,挂片腐蚀率远远低于国家标准。硅系复配药剂虽然效果好、价格便宜,但因易生成硅垢且不易去除,使用时应慎重。钼系复配药剂缓蚀效果好,且冷冻水中药量损失不大,经济上可以接受。如表 7-1 所示。

表 7-1 挂片腐蚀率对比测试表

编号	配方	挂片	预膜	腐蚀率/mm·a⁻¹	现象
1	磷系 复配药剂	碳钢 1	有	0.043 2	表面轻微腐蚀
		碳钢 2	无	0.077 5	表面少量腐蚀
		不锈钢	无	未检出	光亮
		铜	有	0.001 7	表面颜色乌暗
2	硅系 复配药剂	碳钢 3	有	0.012 0	表面轻微腐蚀
		碳钢 4	无	0.023 7	表面轻微腐蚀
		不锈钢	无	未检出	光亮
		铜	无	0.000 8	表面颜色乌暗
3	钼系 复配药剂	碳钢 5	有	0.000 9	表面轻微腐蚀
		碳钢 6	无	0.000 6	表面轻微腐蚀
		不锈钢	无	未检出	光亮
		铜	无	未检出	光亮
4	空白	碳钢 7	有	0.108 0	表面少量腐蚀
		碳钢 8	无	0.158 0	表面均匀腐蚀
		不锈钢	无	0.004 0	表面颜色乌暗
		铜	无	0.002 0	表面颜色乌暗

磷系与钼系药剂相比,钼系主要以吸附膜、沉淀膜原理缓蚀,其效果可以使碳钢腐蚀率小到几乎测不出来,其缺点就是用量较大,复配药剂用量大于 2 000 ppm,成本较高;而磷系药剂主要加入除氧剂等多种形式进行缓蚀,用量较小,一般为 500 ppm 左右,成本低些,但效果不如钼系配方。

近几年,国家工业水处理工程技术研究中心,针对冷冻水和采暖水系统的特点,开发出一种新型的低钼药剂 TS-52706,用量为 100~500 ppm,碳钢腐蚀率几乎为零,其阻垢环蚀效果非常优秀,专门适用于密闭系统。

④ 冷冻水处理药剂损失

如果冷冻水系统本身密闭性不强,在某些接口及泵处有泄漏现象,药量随之流失。一般情况下,损失的药量占总药量的 1%～10%。但在某些系统,泄漏带走的药量为主要损失;因为冷冻水系统贮水量相对较小,某些系统一年回补好几次药,甚至每月都补。系统本身要吸附一些药剂,其损失量很小,占总药量的 1%左右。在某些带有喷淋装置的冷冻水系统中,由于吸湿作用,系统水量增加而发生溢流造成药剂损失。使用磷系配方,因除氧剂的消耗而必须定时补药,周期为 1～2 月/次。

⑤ 加药方式

冷冻水药量损失较小,但为了保证药剂在水中的有效性,需人为地进行有规律的排污、补水、加药。目前,对冷冻水中加药的间隔时间还未见报道,这里介绍几种方法。

a. 根据水质检测结果不定期加药。

b. 连续加药:即连续地小量排水与补水,同时连续加药。

c. 定期加药:即每隔一定时间,换水加药。因换水会带走大量的冷量,故此方法一般采用部分排水补水进行,也有采用隔几个月换掉部分冷冻水、补充部分药剂的方法。

d. 自动控制加药：现场可通过仪器反映冷冻水的电导率、排污量等来控制加药。还有更先进的方法是通过反映药剂中示踪离子含量的仪器来控制加药。这种方法的优点是现场操作方便，节省人力物力，节省药剂。但此类仪器价格较高，所以仅在大型中央空调系统中使用。

（3）采暖水处理

采暖水是指通过锅炉加热或蒸气热交换器而使水加热然后进行循环使用的热水系统。在空调系统中，采暖水与冷冻水系统常使用同一管程，只是使用时间不同，夏季为冷冻水，冬季为采暖水，同样，二者都属于密闭系统，所以相似之处甚多；本文着重点放在与冷冻水不同之处。

① 采暖水的特点

a. 浓缩倍数不变，为密闭式循环系统。

b. 水温较高，一般在 80 ℃左右。

c. 水处理药剂为一次性加入，并且有高温不分解的特点。

d. 采暖水根据水质不同，结垢与腐蚀性重点不同，由于水温较高，两种危害同时存在，也常因腐蚀出现红水现象。

e. 一般采暖水如果无泄露等现象，首先结垢，因结垢性因素不再补入，而溶解氧不断通过各种途径进入，致使腐蚀严重，使用去离子水时，这一现象尤为严重。

② 腐蚀机理

与冷冻水基本相同，只是水温较高，这一趋势有所加强。同时，由于有垢层的出现，又会出现垢下腐蚀的现象。

③ 药剂的选择

选择药剂时，既要考虑防腐蚀，又要考虑防结垢，并且药剂具有耐高温性，无机磷与锌盐就不宜在热水中使用。

采暖水的阻垢缓蚀剂也以钼酸盐系列为主；钼酸盐在高温不分解，并无环境污染之忧。一般与羧酸-磺酸盐、磷酸酯等复配，用复配药剂量在 1 500～2 000 ppm。

2. 主要特点和优势

中央空调水系统在运行过程中会有大量水垢、淤泥、铁锈等腐蚀产物和藻类尘物黏泥产生，这些污垢沉积在换热器铜管表面，严重影响中央空调的制冷效果和使用寿命，因此需要在中央空调冷却水系统和冷媒水系统定期投加各种水处理药剂如缓蚀阻垢剂、分散剂、杀菌剂，使水中的结垢性离子稳定在水中，防止结垢、微生物、藻类生成，并起到控制腐蚀、保护中央空调机组的作用。此方法是目前工业循环水处理、中央空调水处理使用最为普遍的一种方法，实践证明了是有效又经济的方法。

中央空调水处理对改善中央空调制冷效果、节约能源，抑制设备腐蚀，机组使用寿命具有现实意义和实用价值。

（1）中央空调清洗及水处理的意义

① 由于水中钙、镁、盐类物质的存在，空调水系统不可避免地会结生各种水垢，因水垢的导热系数是碳钢的 1.11%，油垢、藻类、粘泥的导热系数仅是碳钢的 0.23%，当空调水系统结生污垢后，使机组传热性能恶化，排气压力增大，制冷效率下降，从而导致能源浪费，运行维修成本增加，结垢严重时还会使主机高压断开保护，直接影响机组正常运行。

② 水垢使水中溶解氧浓度与垢下金属面的氧浓度产生浓度差，从而形成氧浓度差电池，使垢下金属不断腐蚀。同时微生物粘泥也会对金属产生腐蚀，腐蚀的结果会大大增加系统的运行维修费用，缩短设备使用寿命，严重时可使主机提前报废。

③ 根据空调系统结尘水垢和氧腐蚀故障,必须定期清洗除垢和日常水质处理。通过安全有效的化学清洗可达到安全正常运行,显著提高制冷量或供暖效率的目的。清洗后系统运行成本、电、油、气耗量大幅度降低。缓蚀阻垢,防腐预膜后保护了主机及管网不受腐蚀,不再结生水垢,延长机组的使用寿命。

(2) 中央空调水处理后的效果

① 明显改善制冷效果,减少事故发生。中央空调水处理可杀菌灭藻,去除污泥,使管路畅通,水质清澈。同时提高中央空调冷凝器,蒸发器的热交换效率,从而避免了高压运行,超压停机现象,提高了冷冻水流量,改善了制冷效果,换热器进出的温度差提高,系统安全高效运行。

② 大幅度节约能源,减少成本。由于沉积物的存在会大大降低热交换器的效率,电力消耗增加。一台冷水机组,冷凝器热交换效率降低致使冲凝压力升高将导致压缩机的功耗明显增加,制冷系数大大降低。

③ 保护设备,延长使用寿命。中央空调水处理可以防锈、防垢,避免设备腐蚀、损坏,特别经预防处理后,使设备使用寿命延长一倍。投入缓蚀剂以后,可以使设备系统腐蚀速度下降90%,消除冷媒水系统"黄水"现象。

④ 大量节省维修费用。未经水处理的中央空调,会出现设备管路堵塞、结垢、腐蚀、超压停机甚至发生故障。如运行系统因腐蚀泄露,产生溶液污染,则需要更换热装置和溶液,中央空调主机维修费一般需要 20~50 万元。中央空调水处理后,即可减少维修费用,又可延长设备使用寿命,为用户创造更好的经济效益。

⑤ 环保排放、有益健康。中央空调清洗和缓蚀阻垢,杀菌灭藻水处理后,水质清澈,还能杀灭空调水中对人体危害极大的军团菌,使中央空调所供的冷暖气清新、安全,有利于使用者的身体健康。

3. 注意事项及存在问题

在冷水机组中空调水系统水侧的水垢、腐蚀及青苔对制冷系统影响极大,也是空调能耗高的重要原因。定期对空调水系统进行水处理是降低消耗、提高空调系统工作效率的一种方法。

水处理不当可能会对空调水系统管道造成损坏,建议请专业水处理公司对空调水系统进行专业保养维护。表 7-2 是水垢对制冷机性能影响,从表 7-2 中可以看出,水垢热阻对制冷机性能影响很大。

表 7-2 水垢热阻对制冷性能影响

水垢层厚度 Δ/mm	水垢热阻系数 RF/m² · K · (W)⁻¹	换热器传热系数/W · (m² · K)⁻¹	换热量增减情况/%	溴化锂冷水机组			压缩式冷水机组		
				冷却水侧增减制冷量/%	冷冻水侧增减制冷量/%	机组总增减制冷量/%	冷却水侧增减制冷量/%	冷冻水侧增减制冷量/%	机组总增减制冷量/%
0	0	3 800	129	108	106	114	102.9	104.7	107.6
0.075	0.000 043	3 326	114	104	103	107	101.4	102.2	103.6
0.15	0.000 086	2 915	100	100	100	100	100	100	100
0.30	0.000 172	2 331	80	92	94.5	86.5	98	96.8	94.8
0.45	0.000 258	1 942	66.6	86.5	90	76.5	96.7	94.6	91.3
0.6	0.000 344	1 664	57.1	81.5	86.5	68	95.7	93.1	88.8

4. 适用场合和条件

随着中央空调的发展和特殊工艺要求的增加,中央空调水处理已成为工业水处理中的重要领域。中央空调水处理技术适合于有中央空调系统运行的大型通信局站,只要有水系统就适合采用。

5. 实际使用案例

中央空调水处理技术应用非常广泛,现在大部分安装有中央空调系统的通信局站都会进行水处理,但空调系统水处理技术性较强,水处理不当可能会对空调水系统管道造成损坏,建议请专业水处理公司对空调水系统进行专业保养维护。

6. 小结

空调水处理的必要性主要有以下三点。

(1) 延长管线和设备的使用寿命,如果在主要管线和设备上发生的泄露时,或在敷设管道上发生了泄露时,更换维修,不但要花费较大的费用,而且,在实施时存在着许多困难。空调系统水处理的必要性就在于使管线和设备达到设计的使用寿命。

(2) 节能,当结垢和腐蚀产生锈垢堆积物,都会导致传热效率下降,为达到设定效果,必须加大能量消耗同时还会造成缩短设备的使用寿命,在敞开式循环水系统中,采用水处理技术还会节省大量的补充水。

(3) 创造稳定的工作环境,保证中央空调系统稳定正常运行。

7.4 机房空调室外机雾化喷淋和冷凝水回收节能技术

在作为机房环境调节的主要手段使用的空调系统中,除一部分通信枢纽局站使用中央空调系统外,大量的机房专用空调系统、普通舒适性空调在通信机房中得到普遍应用,而机房用空调的室外机是热量交换的重要部分,因此研究机房用空调室外机(以下简称室外机)的工作机理,改善室外机的工作环境,进一步提高空调设备能效,是探索机房专用空调和普通舒适性空调节能减排的一个方向。

由于通信设备是机房的主要热源,它具有发热的均衡性和显热性,为保证机房的环境满足要求,机房用空调基本上要求长期连续运行。随着通信设备集成度的不断提高,通信设备向密集型、小型化发展,单位机架用电量从最初设计容量 8.25A 提高到设计容量 13A、16A、20A 甚至更高,造成机房用电量大、热负荷大,空调排列非常密集。

通信机房由于机房建设时受种种条件限制,空调配套室外机平台预留不够充分,造成个别局所机房专用空调配套室外机安装间距较密,排热效果受到一定的影响,不利于机房专用空调系统充分发挥最大效能,降低了空调的制冷效率。有些机房通过机房空调扩容和室外机移位,达到机房发热量和制冷量匹配、散热量和环境温度匹配,从而有效抑制机房温度的攀升,但由于受到室外机安装位置的限制,室外机摆放过密,环境温度逐年升高,散热环境温度高,在一些负载较大的空调在高温环境工作,工作电流大,且经常会高压跳机导致空调停机的现象。

在室外机背安装雾化喷淋装置,可以降低冷凝器进风侧空气的温度,增加冷却侧的散热效率,提高了空调的经济性能,而且不会影响空调设备的可靠性及寿命。

1. 工作原理

根据功能,空调室外机节能系统可以分为雾化喷淋和冷凝水回收利用两部分。

　　图 7-10 中,通过对空调室外机的水喷淋,可以降低室外机的工作温度;通过高速直流马达每分钟转速≥11 000 转,可将每一滴水雾化成原水滴的体积 1/500 左右,使蒸发速度加快。由于水滴的体积大大缩小,雾化蒸发速度比水滴的蒸发速度快 300 倍以上,雾化喷淋使得水喷淋到空调室外机冷凝器散热片上时能够产生从液态到气态的物理相变,则能够吸收的热量大大增加。水从液态到气态吸收热量为水升温 1 ℃吸热的 539 倍,由于吸热量大大增加,能在很短的时间在冷凝器背后局部降温 2～5 ℃。考虑功率损耗以及效率等因素,其散热能力也可以比一般的喷淋高。水也是能源不能浪费,雾化器将一滴水都打成雾状,基本不浪费每一滴水。

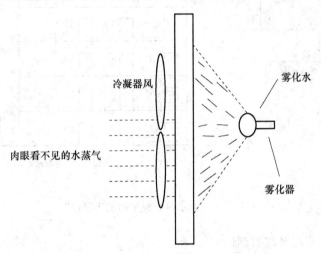

图 7-10　雾化喷淋的工作原理

　　为了节约水资源,将空调的冷凝水及加湿罐排污水加以利用。计划安装一个 1 m³ 的不锈钢水箱。为了保证回收的水经过沉淀处理,在水箱中间有一个不锈钢滤网。回收水从水箱下部进入,经滤网后的洁净水进入水箱上部。然后由一个水泵将水抽到顶楼的水箱中。这样可减少自来水的用量,节约用水。

　　冷凝水利用的工作原理图如图 7-11 所示。在冷凝水回收的同时,可以根据水质情况增加水处理功能,去除水中的钙镁离子和其他杂质,使硬水处理成软水。通过冷凝水的回收并提供给雾化喷淋使用,达到一种良性的工作循环。

　　同时实现水资源和电能的节约。当回收的冷凝水资源不能满足雾化喷淋的需求时,可以通过自来水管给冷凝水回收系统补充自来水。

　　为保证每个雾化器的出水压力基本保持一致,在屋顶部水箱的出水口处安装增压泵。然后调整每个雾化器的水量,做到每一滴水都充分雾化,用最少的水达到最大的节能效果。

2. 主要特点和优势

　　(1) 改变空调冷凝器工况条件使冷凝器冷凝效果大大改善,可降低冷凝器内部压力。冷凝器内压力每下降 1 kg 压缩机运行电流就下降近 1 A。

　　(2) 经雾化后,冷凝器清洁度大大提高,铝翅片不再积满灰尘,使散热效果大大提高。

　　(3) 对于一些负载较大的空调机以前经常会高压跳机,使用了冷凝器雾化装置后由于降低了冷凝器内部压力,使高压停机的故障大大降低。恢复到较佳空调运行工况。同时机房用空调在制冷工作过程中,会产生大量的冷凝水,这些冷凝水温度较低。目前一般都是被自由排放到室外,无法进行利用,而且会影响周边环境。本项目可以将空调产生的冷凝水收集起来,并提供给雾化喷淋使用,即可以节省电能又可以节约水。

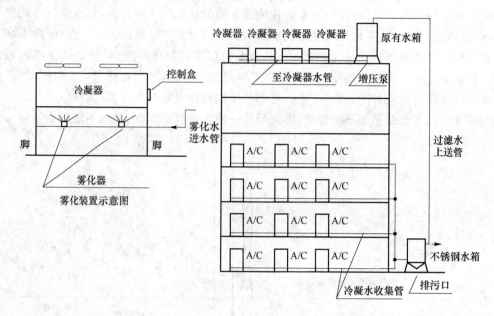

图 7-11　冷凝水回收利用的工作原理图

3. 空调室外机节能系统的测试

为了测试机房用空调室外机节能系统方法是否有效,可以采用以下方法进行测试。

我们可研究对比同一时间段、同一机房、同一机型两台设备工作在不同环境条件下的电费、参数数据,测试出安装滴水喷雾节能装置的数据,同没有安装滴水喷雾节能装置的设备进行比对,得到实际节能数据。

研究在通信机房内采用安装滴水雾化节能装置设备附近机房回风温度,对比其他设备回风温度,得到机房温度改善实际数据。

研究空调室外机工作环境温度,对比测试室外机进排风温度(即正面及背面),得到室外机工作环境温度改善数据。

根据试验数据,出具测试报告,为进一步实施提供可行性方案。

雾化器安装在空调室外机背面,室外冷凝器竖直安装的,就安装在后背 200～300 mm 处,如果是水平安装的冷凝器则将雾化器安装在冷凝器下部,200～300 mm 处。控制盒安装在室外冷凝器旁,水阀向下,以保证下面无雨水不会进入控制盒内部。如图 7-12、图 7-13 所示。

具体步骤如下。

(1) 将雾化器架安装在室外冷凝器机座上距离冷凝器背部约 250 mm。

(2) 将雾化器安装在架子(铝合金或不锈钢管)上。

每个雾化器的中心在空调风扇的中心,以保证甩出的水雾尽可能在冷凝器背部,不要在外面形成白白浪费。

(3) 将塑料管一端接在雾化器上,另一端接在水分配阀的输出端。

(4) 控制盒装在冷凝器旁或电箱内。

(5) 安装供水系统安装到位。

(6) 将控制信号线接在风扇接线盒中输入端(风扇转速直接与压缩机压力相关,当压力达到 14 kg/cm² 以上时,信号给控制器指令电磁阀接通放水)。

图 7-12　雾化器安装示意

图 7-13　控制盒安装

　　供水管道基本利用原有管道并增加少量管道,接到供水阀进口。不锈钢水箱安装在底层,以保证回收水能进入水箱。水箱外安装一水泵,自动将空调回收水上部清净水打至屋顶水箱备用。屋顶水桌下出水口安装一增压泵,保证送至每个雾化器的水压基本相同。

　　测试方案如下。

　　选取两台型号一样、制冷量相同,安装位置及朝向相同,运行工况基本一致的机房空调(假设为空调 A 及空调 B)。然后在两台空调的室外冷凝器均安装雾化节能器系统;每台空调主机输入端装一个三相电度表,以测量用电度数。

　　方案一:以上系统安装调试正常工作后,其中空调 A 开启节能系统,空调 B 关闭节能系统,并开始记录机房温度、室外气温及电度表的读数;每天抄一次,连抄两天,然后计算两台空调各自的用电量,可算出节电效果。两天以后,空调 B 开启节能系统,空调 A 关闭节能系统,也连续测两天,计算各自用电量,计算节电效果。以 4 天为一个测试周期,可以连续测试几个周期。

方案二：为了得到更详细的资料可在以上基础上，对两台空调在如下测试：对空调 A 及空调 B 每一小时关闭及开启喷雾节能装置，同时每小时记录一次两台空调的用电量，并可用钳形电流表测量关闭及开启时的电流，即可预知道是否节电。

对装喷雾的设备进行开、关雾化测试及数据记录方法如下。

手动强制运行两台压缩机一小时，同一台空调开、关雾化装置对比吸排气压力、负荷电流、用电量。手动强制运行一小时，开雾化器的设备、没装雾化器的设备对比吸排气压力、负荷电流、用电量。自动状态下运行一天，开雾化的设备、没装雾化的设备对比吸排气压力、负荷电流、用电量。

为了证明雾化喷淋与没有雾化喷淋的 ΔT，可以对同一台空调做如下测试。

开启雾化装置，确认雾化器在工作后，用点温器测得室外机前后两面的 T1 及 T2，并记录测得结果；关闭雾化装置，用点温器测得室外机前后两面的 T1 及 T2，并记录测得结果；比较两组结果的 ΔT 便可知雾化之后室外机的工况确实改善了。

4．注意事项和存在问题

喷淋系统水的雾化程度与以下方面有直接关系。

（1）电机的转速、工作状况。

（2）喷水量。

由于自来水在从水厂出来到用户端不可避免带来垃圾，因此在水箱出来到增压泵之间要装一个过滤器，以免电磁阀及控制水阀堵塞，影响使用效果。

北方地区冬天温度很低，如果水管及雾化装置中有余水，将会使水管及雾化装置冻裂，需要在冬天到来前将余水排尽。

5．适用场合和条件

任何风冷式空调从原理上都可以安装雾化节能装置，而且越是室外机工作环境恶劣，越是效果明显。但目前的雾化节能装置主要用于机房空调及工业空调（包括大型柜机）等大型空调。

6．小结

雾化节能系统，通过高速直流马达每分钟转速超过 11 000 转，可将每一滴水雾化成原水滴的体积 1/500 左右，由于水滴的体积大大缩小，雾化水分的蒸发速度比水滴的蒸发速度快 300 倍以上，能在很短的时间在冷凝器背后局部降温 2～5 ℃。同时雾化器将每一滴水都雾化成雾状。由于雾化器出来的水雾很细，水雾全部被风扇吸进冷凝器后进行蒸发，地面基本是干的，水基本没有浪费。

雾化节能系统可以与空调系统室外机的高压压力进行联动，比如当高压压力到 16.5 kg/cm² 以下时，雾化节能系统不工作，而当高压压力达到 16.5 kg/cm²（±0.5 kg/cm²）时，雾化节能系统启动工作。不仅达到节能效果而且还可以实现自动供水，达到节能与节水的双重目的。

当空调无压力调速装置时，还可由温度来控制。原理是：在室外机冷凝管上安装一个温度传感器，当温度达到设定温度时（如 45 ℃±1 ℃），控制器命令电磁阀打开，水雾喷出，达到同样的作用。

现在通信机房用空调在夏天经常由于高温导致高压报警而引起压缩机停机，空调出现高压停机后，通信机房由于设备发热量大，同时室外高温更加剧了机房内温度的升高，对机房通信安全产生严重影响。动力维护人员经常采用人工洒水的方法降低空调的高压压力，以改善压缩机工况。这样增加了维护人员的工作量，同时空调设备的由于频繁的高压停机，会严重影响空调机的寿命。

有时地市局通信机房也采用了室外给水喷淋的方法进行长时间的降温,但这种喷淋的方法也会有不好的影响,经常是采用大量的水不受控制的喷淋,不仅浪费了大量的水,而且室外机周边的环境长期积水或滴水,长满青苔,甚至很多室外机散热翅片上由于过于潮湿也长了青苔,影响了空调的散热,达不到好的节能效果。

7.5 机房新风直接引入节能技术

1. 工作原理

新风节能系统的基本工作原理是:利用温湿度传感器探测机房外的空气温湿度情况,当温度低于某个设定值时,开启进风单元的新风风门,开启风机,将机房外冷空气吸入机房。冷空气与机房内热空气进行热交换,使机房内温度得以下降。同时,维持机房内一定的正压开启排风单元的排风风门,依靠正压或风机排出机房内的热空气。

机房外的冷空气被吸入时,经过过滤装置的处理。如图 7-14、图 7-15、图 7-16、图 7-17、图 7-18 所示。

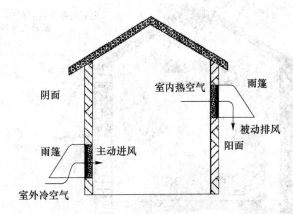

图 7-14 新风节能系统的基本工作原理

2. 主要特点和优势

中国地域广阔,各地的温度情况不同。应根据各地的实际情况设计与选择新风系统。将室外自然冷源引入室内,可以有效利用自然冷源,减少空调机的运行时间,理论上可以节约电能,延长空调压缩机的使用寿命,节约企业的运营成本,节约电力资源。

机房新风系统可快速更新机房内空气,可以保障人身安全。由于通信机房一般都是密封的,因此室内空气不流通,尤其在油机发电时会产生 CO_2 等大量有害气体,可能会对人员身体造成伤害。安装新风系统后,可以有效防止机房内有害气体的聚集。

3. 注意事项及存在问题

相对于其他换热式新风系统,新风直接引入机房节能效果更好,但这种方式也可能会对机房环境产生影响,需要相应的技术措施保证机房的温度、湿度、洁净度满足通信设备运行需要。

室外气温低于室内温度并不代表新风节能系统一定能够运行,要保证室内外有足够大的温差,建议室内外温差至少有 5 ℃。

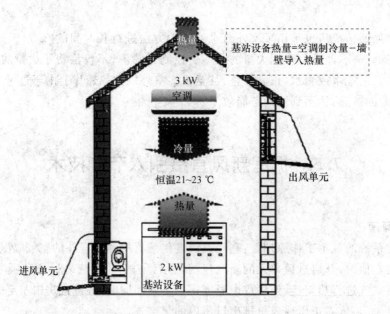

图 7-15　新风夏季工作模式

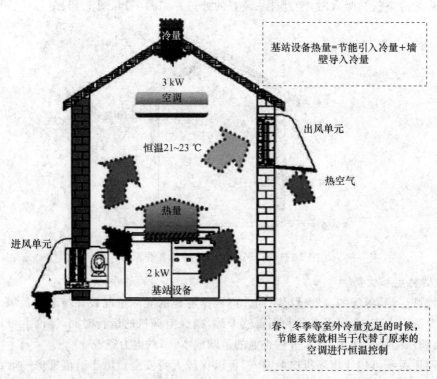

图 7-16　新风系统春、冬季工作模式

（1）新风系统测试中的问题

近期各地电信公司陆续在通信机房实验性地采用新风系统。在对多个厂商的新风系统，进行测试中可以发现，不少厂商有意无意将新风系统运行时段的温度设置得比纯空调运行时段的温度高 1～3 ℃，从而提高或夸大了节能的效率（很多厂商宣传节能效率达 50％～80％）。在不同工作温度环境下得出的节能数据，是在改变机房环境前提下得出的节能数据，实际上是

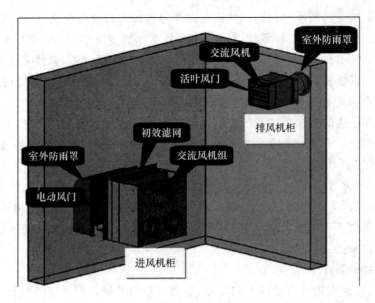

图 7-17　新风系统基本结构图

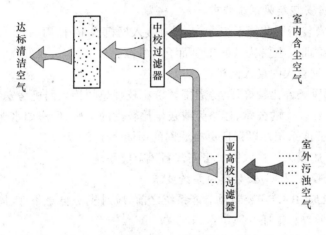

图 7-18　新风系统的过滤

不准确和不可靠的;众所周知,即使不加装任何新风节能系统,直接将机房空调的设置温度提高 1~2 ℃,节能效果也相当明显。

要测试新风系统是否有节能效果,首先就必须保证新风系统运行时温度的范围与空调运行时的温度范围一致,例如可以让新风节能系统和空调系统交替运行,即一天 24 小时运行空调,另一天 24 小时运行新风节能系统,连续测试 6 天,测试记录室内外环境温、湿度值。要保证在两种供冷状态下,室内温度在相同的范围内,否则所谓的节能率并没有可比性。

(2) 应用新风系统需要关注的问题

推广使用机房新风系统,需要考虑维护部门的维护工作量(如滤网的定期清洁、更换等)及维护成本的问题,同时还应该关注其他可能会对机房环境、通信设备带来的影响。

① 新风系统节能效果较显著,但建设新风系统需要一定的投入,使用过程也可能对机房的使用环境产生一定的影响,所以也要充分考虑到新风系统对通信设备可能带来的影响。

② 新风系统直接利用室外的空气对机房内进行温度控制,室外空气的温度、湿度和洁净度将会直接影响室内的温度、湿度和洁净度。可能会带来一定的负面影响。

③ 温度采集探头的精度很关键。如果室内外温度探头精度误差大的话,可能会产生温度误差放大的效果。假设室内实际温度 25 ℃,而室外实际温度为 22 ℃,如果用探头测试到室内温度为 24 ℃,室外为 23 ℃,就达不到新风系统启动所需要的温度差,新风系统就不能节能。

④ 机房新风系统是一种新产品,生产厂家参差不齐,产品质量还没有经过实际应用的考验,特别是新风系统的控制模块,应充分考虑售后服务问题。

⑤ 现在很多厂商的机房新风系统控制空调工作的方式是采取强行断电的方式,这可能会给空调带来一定的伤害,因此新风节能系统在启动及关闭空调时,宜采用遥控或在电源开关并接继电器的方式控制,同时设置一定的时延值,避免空调机频繁启动。

⑥ 机房安全性。原本封闭的机房,由于需要引进新风而在机房墙壁上开了两个小窗口,使机房内的防火安全等级下降,因此新风系统应具有消防防火功能,要对进出风口采取防火技术处理,防火调节阀平时处于常开状态,出现火灾时应处于关闭状态。还应具备防盗、防侵入功能及防鼠类、蚊虫类进入机房的措施。

4. 适用场合和条件

总的原则是保证室内外有足够大的温差,能满足新风系统运行一定的时长,能达到一定的节能效果。

(1) 接入网机房安装新风系统要求

在接入网机房安装新风节能系统之前,应对接入网机房本身、周围的地理环境及气候环境进行必要的勘查和论证。主要从以下几方面予以考虑。

① 宜选择耗电量较大的接入网机房。

② 宜选择在通风条件比较好,机房周围环境比较理想的接入网机房安装新风节能系统。

③ 不宜在灰尘比较大的公路、道路旁或灰尘比较大的工厂、厂房如水泥厂、建筑材料加工厂周围等安装新风节能系统。以保证更换滤网的周期大于 30 天。

④ 不宜在湿度比较大的接入网机房安装新风节能系统。

(2) 大机房(交换局、IDC)安装新风系统要求

在大机房(交换局、IDC)安装新风节能系统之前,应对机房自身条件、周围的地理环境、气候环境进行必要的勘查和论证。

① 理论上,大机房耗电量大,能耗集中,一个大机房的耗电量是接入网的几十倍甚至上百倍,如果能应用好新风系统,节能的直接效果会比接入网更明显。在某 IDC 机房的统计结果显示,空调一天的耗电量可达 5 000～10 000 kWh。如果节能比例能达到 5%,就是 250～500 kWh,节电空间很大。

② 因为大机房(交换局、IDC)的设备工作环境要求更高,使得我们对新风系统的应用要求也更高,不仅要满足节能的要求,还对引入新风的洁净度,有害气体浓度有更高要求。甚至有时地区要求新风系统具有湿度调节功能。当冷空气湿度太低时,加湿装置将开始工作,提高冷空气的湿度,满足机房的湿度要求。当节能通风系统开始工作时,将联动机房原有的空调系统,停止其部分或全部制冷加湿功能。

5. 实际使用案例

(1) 某电信机房试点采用新风系统

如图 7-19、图 7-20 该局试点采用了某公司的新风节能系统,此系统适合于大中型通信以上的局站。可以将室外的冷空气与室内空气混合后再送入,可以调节混风比;这样可以利用较低温度的室外冷源。

图 7-19　电信某局采用的大中型新风节能系统

图 7-20　电信某局的新风节能系统送风管

图 7-21 中,新风节能系统设置两层过滤系统,上层的是粗效过滤网,下层是中高效袋状过滤网。建议有必要时测试空气的洁净度,保证新风系统不会对机房环境产生影响,同时建议过滤网设置成可重复使用,降低维护成本。图 7-22、图 7-23、图 7-24 为小型新风系统的应用。

在我国北方地区利用室外冷源进行节能有很好的应用前景。采用新风系统时关键要考虑新风对室内环境洁净度的影响,同时要考虑更换滤网的成本及维护方面的成本,建议对已安装新风系统的局站进行空气洁净度的测试,测试采用新风系统前后空气洁净度的变化情况;如果空气的洁净度满足机房使用的要求,那么采用新风系统有很好的使用前景。

(2) 某电信 IDC 机房采用新风节能系统

某电信 IDC 机房进行空调节能改造试验,空调节能改造采取将室外新风冷源直接引入机房的方式,在机房内安装 5 台新风混风型节能系统,该机组采用 4 台 1.5 kW 风机,最大新风引入量为 15 000 m³/h,同时安装 3 台大风量高压湿膜加湿机组,该机组独立配置 2 台 1.5 kW 风机,风量为 15 000 m³/h,加湿量每小时 25 kg。加湿机即可补偿新风引入而造成的机房湿度低,并对部分回风降温。建立新风过滤室,对引入的新风统一净化处理后送至新风混风型节能空调,初级过滤采用板式多褶空气过滤器,二级使用亚高效为玻璃纤维袋式空气过滤器,保证引入机房新风灰尘粒子浓度达到 A 级(直径大于 $0.5\ \mu m$ 的灰尘粒子浓度≤350 粒/升,直径大于 $5\ \mu m$ 的灰尘粒子浓度≤3 粒/升)。

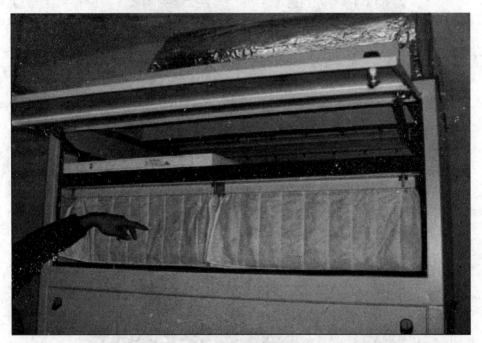

图 7-21　电信某局的新风系统的双层过滤网

图 7-22　电信某接入网点采用的小型新风系统

图 7-23　电信某接入网点新风系统的排风装置

图 7-24　电信某接入网点新风系统的进风口

采用较大的过滤面积,使过滤器迎面风速控制在 3 m/s,即提高过虑效率,降低风阻,同时降低新风引入电机功率。

新风节能设备安装如表 7-3 所示。

表 7-3　新风节能设备安装情况

设备型号	安装数量	机组风量	电功率	加湿量	体积/mm×mm×mm
FCX-150-A	5	15 000 m³/h	6 kW		1 800×900×2 000
FCX-150-B	3	15 000 m³/h	3 kW	45 kg/h	1 800×900×2 000

新风节能设备在室外不同温度环境下节能分析如表 7-4 所示。

表 7-4　新风节能设备不同温度环境下节能分析

序号	室外温度/℃	新风百分比	湿风/℃	回风/℃	回风百分比	总送风量/m³·(h)⁻¹	新风风量/m³·(h)⁻¹	新风冷量/kW	新风节能电功率/kW	新风净节能电功率/kW
1	18	100.00%	18	22	0.00%	15 000	15 000	20	6.8	0.8
2	17	100.00%	17	22	0.00%	15 000	15 000	25	8.5	2.5
3	16	100.00%	16	22	0.00%	15 000	15 000	30	10.1	4.1
4	15	100.00%	15	22	0.00%	15 000	15 000	36	11.8	5.8
5	14	100.00%	14	22	0.00%	15 000	15 000	41	13.5	7.5
6	13	100.00%	13	22	0.00%	15 000	15 000	46	15.2	9.2
7	12	100.00%	12	22	0.00%	15 000	15 000	51	16.9	10.9
8	11	100.00%	11	22	0.00%	15 000	15 000	56	18.6	12.6
9	10	100.00%	10	22	0.00%	15 000	15 000	61	20.3	14.3
10	9	92.31%	10	22	7.69%	15 000	13 846	61	20.3	14.3
11	8	85.71%	10	22	14.29%	15 000	12 857	61	20.3	14.3
12	7	80.00%	10	22	20.00%	15 000	12 000	61	20.3	14.3
13	6	75.00%	10	22	25.00%	15 000	11 250	61	20.3	14.3
14	5	70.59%	10	22	29.41%	15 000	10 588	61	20.3	14.3
15	4	66.67%	10	22	33.33%	15 000	10 000	61	20.3	14.3
16	3	63.16%	10	22	36.84%	15 000	9 474	61	20.3	14.3
17	2	60.00%	10	22	40.00%	15 000	9 000	61	20.3	14.3
18	1	57.14%	10	22	42.86%	15 000	8 571	61	20.3	14.3
19	0	54.55%	10	22	45.45%		8 182	61	20.3	14.3
20	−5	44.44%	10	22	55.56%	15 000	6 667	61	20.3	14.3
21	−10	37.50%	10	22	62.50%	15 000	5 625	61	20.3	14.3

其节能原理是利用室外环境天然低温冷源的新风空气与机房内回风空气混合,然后再送到机房达到消除室内余热的目的,并根据机房发热负荷的变化调节进风量,保证机房内的温度在要求的范围内;同时为补偿机房因引入新风后室内空气含湿量的降低,通过湿膜加湿器进行等焓加湿、降温,对机房内温度、湿度进行控制。在室外环境温度较低时,可以部分或全部取代传统机房专用空调工作,从而降低了能源的消耗。

7.6　机房新风热交换节能技术

　　热交换系统把室外的自然环境作为冷源,当室外空气温度低于室内空气温度且达到一定程度时,采用隔绝换热方式将机房内的热量带走,达到降低机房内部温度的目的。由于室内外空气相互隔离,室内空气湿度、洁净度不受室外空气的影响,是一种较为理想的节能技术。

　　机房新风热交换节能技术以室外的自然环境为冷源,当室外空气温度低于室内温度一定程度时,通过相应的技术手段将室外新风与机房内空气进行热交换,把机房的热量带走,达到降低机房温度的目的,从而减少空调设备的使用时间,达到节约电能的目的。

1. 工作原理

　　热交换换热器把室外的自然环境作为冷源,当室外空气温度低于室内空气温度且达到一定程度时,通过热交换将机房内的热量带走,达到降低机房内部温度的目的。

　　新风热交换系统按换热器形式分两种:转轮式换热器与板式换热器。如图 7-25、图 7-26 所示,转轮式换热器的特点是换热器旋转,可同时进行热湿交换,静压损失一般较小,但有一定的交叉污染;板式换热器的特点是结构紧凑,设备相对简单,新风与机房内空气互不接触。

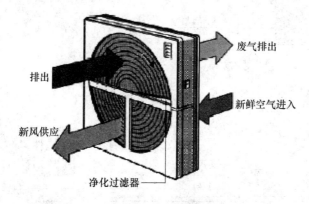

图 7-25　转轮式换热器

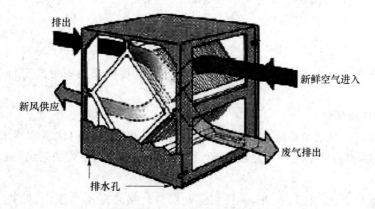

图 7-26　板式换热器

　　转轮式换热器与板式换热器的换热效率相当,但板式换热器由于空气阻力较小,结构简单,成本较低,应用较为广泛。两种换热器的性能如表 7-5 所示。

表 7-5　两种换热器的性能

热回收装置种类	换热效率/%	阻力/Pa
板式换热器	40～80	50～250
转轮式换热器	60～85	75～500

　　板式换热器是通过显热传热的方式,在室外温度较低时,利用室内外空气的温差传热,消除通信机房的显热量,在过渡季节或冬季部分替代或完全替代机房空调设备,实现通信机房空调节能。根据机房情况,换热器可以布置在室内,也可以布置在室外。换热器主要是由换热芯体、室内侧风机、室外侧风机、通风管道和智能控制系统等几部分组成。

　　从室外的角度看,室外冷空气在室外侧风机的作用下从室外侧进风口进入装置本体,然后通过换热芯体进行换热,换热后的气体又从室外侧排风口排到室外;从室内角度看,室内热空气在室内侧风机的作用下由室内侧进风管进入装置本体,室内热空气通过换热芯体进行换热降温,降温后的空气再从室内侧排风管重新回到机房内。

　　图 7-27 中,板式换热器两侧空气进口段分别设置静压箱,保证两侧空气进入交换器后充分与换热合金接触。换热芯体内部分两组独立气体通道,分别通过室内和室外空气,由换热合金板完全隔离。板式换热器内部工作结构图如图 7-28 所示。

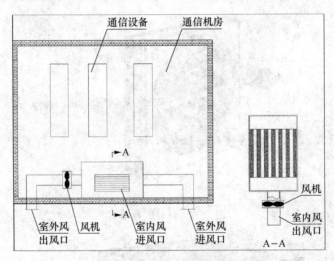

图 7-27　板式空气换热器结构示意图

　　换热器由金属外壳保护,防水防锈,美观大方。所有接口都用密封胶密封,严格保障整个装置的气密性。

2. 主要特点和优势

　　(1) 机房室内空气质量不受室外空气影响,可充分保证机房内洁净度要求。换热器采用隔绝式显热传热,室内外空气相互隔离,避免了室外空气对室内空气的污染,机房相对湿度、洁净度可充分保证。

　　(2) 运行维护方便。除风机外,无任何运动部件。换热器不易积尘,拆装清洗维护方便,可有效降低运维成本和运维工作量。

　　(3) 控制调节易于实现。根据室外空气温度的变化,通过风量调节,可满足机房负荷变化时的室内环境要求。启停控制,避免设备频繁启动。

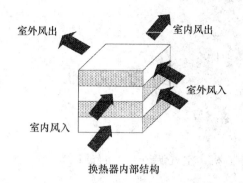

室外风出　　室内风出

室外风入

室内风入

换热器内部结构

图 7-28　板式换热器内部工作结构图

3. 注意事项及存在问题

（1）与直接引入新风系统相比，换热效率较低，需在室内外温差较大条件下才能有效实现机房降温。

（2）机房新风热交换节能技术通过热交换器换热来控制机房内温度，但没有对机房的湿度进行调节控制。在机房内湿度不能满足要求时，需要另行采取措施进行控制。

（3）通信机房节能技术改造应与机房原有空调系统有机结合，改造方案的通风方式和气流组织应结合原有空调系统加以确定，确保机房降温效果。送风参数、送风管道布置和运行控制应避免可能出现的结露问题，以保证机房设备安全。

（4）应制定合理的运行控制方案，根据室内外温度变化情况合理确定空调设备、新风热交换系统的启停控制，避免设备频繁启动。

4. 适用场合和条件

（1）外界环境温度和通信机房设定温度应有较大温差（建议在 10 ℃ 以上）。

（2）适合在北方地区采用。

（3）室外环境不适合安装新风直接引入系统的地区。

5. 小结

新风热交换系统只利用室外新风的冷量，室内空气通过换热冷却后再被送回室内，避免室外空气中的尘埃对基站内空气洁净度的影响，是一种较为理想的节能手段。

参 考 文 献

[1] 钟志鲲,丁涛.数据中心机房空气调节系统的设计与运行维护[M].北京:人民邮电出版社,2009.

[2] 陈重文,倪友刚.计算机房空调设计[M].北京:中国建筑工业出版社,1995.

[3] 尉迟斌.实用制冷与空调工程手册[M].北京:机械工业出版社,2009.

[4] 赵荣义.空气调节[M].北京:中国建筑工业出版社,1994.

[5] 薛殿华.空气调节[M].北京:清华大学出版社,1991.

[6] 黄奕沄,张玲,叶水泉.空调用制冷技术[M].北京:中国电力出版社,2012.

[7] 陆亚俊,马最良,邹平华.暖通空调[M].北京:中国建筑工业出版社,2007.

[8] 彦启森,石文星,田长青.空气调节用制冷技术[M].北京:中国建筑工业出版社,2010.

[9] 汤捷,陈康民,叶舟.空调风口加装廉罩对室内气流组织的影响[J].科技创新导报,2008(6).

[10] 王新月.浅谈机房空调系统负荷计算和气流组织[J].机房技术与管理,2010(1).

[11] 任义丽,冯梅,李捷,史立勇,张舰军.数据中心气流组织优化研究与探索[J].信息系统工程,2013(10).

[12] 钟志鲲.通信机房的气流组织[J].邮电设计技术,2012(9).

[13] 林阳.信息系统受限机房的气流组织解决方案[J].广西电力,2008(6).

[14] 郑玉,秦萍,刘凯.障碍物对空调房间气流组织的影响[J].科协论坛.2013(7).